IT Text 情報処理学会 編集

人工知能

改訂2版

本位田真一 　監修
松本一教
宮原哲浩　　共著
永井保夫
市瀬龍太郎

Ohmsha

情報処理学会教科書編集委員会

編集委員長 　阪田　史郎（東京大学）
編集幹事 　　菊池　浩明（明治大学）
編集委員 　　石井　一夫（公立諏訪東京理科大学）
（五十音順）　岩﨑　英哉（明治大学）
　　　　　　小林　健一（富士通株式会社）
　　　　　　駒谷　昇一（奈良女子大学）
　　　　　　斉藤　典明（東京通信大学）
　　　　　　髙橋　尚子（國學院大學）
　　　　　　辰己　丈夫（放送大学）
　　　　　　田名部元成（横浜国立大学）
　　　　　　中島　　毅（芝浦工業大学）

（令和6年7月現在）

本書に掲載されている会社名・製品名は，一般に各社の登録商標または商標です．

本書を発行するにあたって，内容に誤りのないようできる限りの注意を払いましたが，本書の内容を適用した結果生じたこと，また，適用できなかった結果について，著者，出版社とも一切の責任を負いませんのでご了承ください．

　本書は，「著作権法」によって，著作権等の権利が保護されている著作物です．
　本書の全部または一部につき，無断で次に示す〔　〕内のような使い方をされると，著作権等の権利侵害となる場合があります．また，代行業者等の第三者によるスキャンやデジタル化は，たとえ個人や家庭内での利用であっても著作権法上認められておりませんので，ご注意ください．
　　　　〔転載，複写機等による複写複製，電子的装置への入力等〕
　学校・企業・団体等において，上記のような使い方をされる場合には特にご注意ください．
　お問合せは下記へお願いします．
　〒101-8460　東京都千代田区神田錦町 3-1　TEL.03-3233-0641
　　　　株式会社**オーム**社編集局　（著作権担当）

はしがき

　人工知能の実現は人類の夢である．小説や映画では，人工知能が活躍する未来が幾度となく描かれてきている．コンピュータが登場するはるか以前に，人間のように判断し振る舞う機械の構築が可能であると考えた科学者もいる．夢物語としてではなく，現実の研究テーマや技術開発の課題として人工知能が認められるようになったのは，1950年代のことである．1970年代には，エキスパートシステム実現という大きな成果が達成されている．医者や科学者などの高度な知識と経験をもつ人間の専門的判断が，人工知能を組み込んだエキスパートシステムで行うことが可能となった．他の分野においても次々とエキスパートシステムが登場するようになり，このようなシステムを構築するためのソフトウェアツールも商業化されるようになった．しかし皮肉なことに，エキスパートシステムが普及するにつれて，その限界も明確になってきた．人間の知性との隔たりが改めて認識されるようになってきた．人間と同等な人工知能については，原理的な実現可能性にまで踏み込んだ議論がなされるようになってきている．

　一方において，人工知能の研究や開発で蓄積された膨大な技術は，現在のコンピュータシステムにおいて不可欠のものとなりつつある．人工知能をルーツとする技術が広く応用されるようになっており，コンピュータを柔軟で使いやすいものとしている．その意味で，人工知能の技術は決して特殊な目的のためのものではなく，現代のコンピュータ技術の基盤の一つであるとみなすことができるようになってきている．

　1990年代にはインターネットやWebがまたたく間に全世界に広まり，コンピュータの利用方法に大きな変化が起きた．インターネットやWeb上で取引を行うという新たなビジネスも行われるようになっている．コンピュータをさらに使いやすくしたいという要

求，人間の知的な判断の一部を代行させたいという要求はますます増大しており，人工知能技術応用の期待が高まっている．特に，膨大な情報があふれている Web に対し，人工知能による高度な知的処理を行うようにしたいという要求が高まっており，このための新たな枠組みづくりが進められている．これは従来は処理が困難であった Web 上の意味処理に焦点を当てるものであるため，セマンティック Web と呼ばれている．著者らは，この実現に貢献することが，人工知能技術の当面最大の課題であると考えている．

本書は大きく二つの部分から構成されている．前半では，従来の教科書と同様に，人工知能の基礎である探索や論理について学ぶ．後半では，最近の人工知能技術の実社会での利用にポイントを絞っている．知識表現の技術から影響を受け，現在ではシステム開発の世界標準となっているモデリング言語 UML について学ぶ．インターネット上で知識を共有したり，流通させたりする際の基盤である XML についても学ぶ．そして最後に本書のゴールとして，これからの時代の主役となるであろうセマンティック Web について学ぶ．

本書の監修者や著者の大半は，長年企業の研究所や開発部門に勤務し，人工知能システムの研究と開発，そして実際の製品開発を行ってきた．企業での技術者教育も担当して，現実の開発現場で求められる人材の育成にも携わってきた．本書はそのような著者らの経験に基づき，「実用技術としての」人工知能テキストであることを目指した．

最後に，本書を著すにあたってお世話いただいた情報処理学会教科書編集委員会，ならびに出版にあたってお世話になったオーム社出版局の皆様に深く感謝いたします．

2005 年 6 月

執 筆 者 一 同

改訂にあたって

　2005年の初版から10年以上が経過した．この10年の間に情報通信技術（Information and Communication Technology, ICT）は大きく進歩した．インターネットの高速化，パソコンの大容量化，高速化が飛躍的に進んだ．初版当時にはまだなかったスマートフォンが日常生活の必需品になった．人工知能の実用化も急速に進み，スマートフォンに日本語で話しかければ，利用者の意図を解釈した柔軟なネット検索ができるようになり，現在位置に近いショップを推薦するなどの機能も当たり前になった．クラウドコンピューティングも普及して，クラウド上に大規模なデータを保存して，クラウド上の高速な機械学習システムでデータマイニングを行うこともできるようになった．

　初版当時は実現が近いと期待されていたセマンティックWebの実現は予想よりも遅れている．オープンデータやLinkedデータとして新たな拡がりを見せつつあるが，真の実用化にはまだ時間がかかると思われる．その一方で，機械学習技術を活用するデータマイニングへの期待はますます高まり，先に述べたクラウドコンピューティングの普及とも相まって，ビッグデータという新たな技術分野を切り拓きつつある．これらの動きと並行して，機械学習の技術開発も進み，ディープラーニングと呼ばれる手法が従来にない能力を発揮し始めるようになった．

　このような状況のもと，技術進歩に合わせて大きな改訂を行った．人工知能技術のゴールをセマンティックWebとするだけではなく，機械学習技術によるビッグデータ活用も重要なゴールとして加えた．重要性が高まっている機械学習技術や曖昧知識処理技術の説明を追加した．

　改訂にあたっては，情報処理学会教科書編集委員会ならびにオーム社書籍編集局の皆様にたいへんお世話になった．深く感謝します．

2016年9月

執　筆　者　一　同

目 次

第1章 人工知能の歴史と概要
- 1.1 人工知能の歴史 …………………………………………… 1
- 1.2 人工知能とは何だろうか：チューリングテスト ……… 4
- 1.3 記号主義とコネクショニズム …………………………… 7
- 1.4 人工知能研究の立場と汎用人工知能 …………………… 8
- 1.5 伝統的人工知能技術：エキスパートシステム ………… 10
    1. エキスパートシステムの概要　　10
    2. エキスパートシステムの構造と分類　　11
    3. エキスパートシステムの限界　　13
- 1.6 人工知能技術の拡がり …………………………………… 14
- 1.7 本書の構成と使い方 ……………………………………… 15
- 演習問題 ……………………………………………………… 18

第2章 探索による問題解決
- 2.1 探索による問題解決とは ………………………………… 19
    1. パズルの例　　19
    2. ロボットの行動プラン作成　　20
- 2.2 グラフによる探索問題の定式化 ………………………… 22
    1. 縦型探索　　25
    2. 横型探索　　28
    3. 探索を実現するデータ構造　　29
    4. 探索方法の改良　　30
- 2.3 コストを考慮した探索 …………………………………… 31
    1. 分岐限定探索　　33
    2. ヒューリスティック探索　　35
    3. 融合的な探索　　37

目次

- 2.4 これからの発展 ……………………………………… 37
- 演習問題 ……………………………………………………… 39

第3章 知識表現と推論の基礎

- 3.1 命題論理 …………………………………………………… 41
    - 1. 論理式　*42*
    - 2. 論理式の意味　*44*
    - 3. 論理式の標準形　*45*
    - 4. 論理的な推論　*48*
    - 5. 命題論理の公理系と証明　*51*
- 3.2 述語論理 …………………………………………………… 56
    - 1. 論理式　*57*
    - 2. 論理式の意味　*60*
    - 3. 論理式の標準形　*63*
- 3.3 融合原理 …………………………………………………… 65
    - 1. 命題論理の融合原理　*65*
    - 2. 述語論理の融合原理　*68*
- 3.4 これからの発展 ……………………………………… 72
- 演習問題 ……………………………………………………… 73

第4章 知識表現と利用の応用技術

- 4.1 プロダクションシステム ……………………………… 75
    - 1. 概要と全体構成　*75*
    - 2. 前向き推論　*77*
    - 3. 後ろ向き推論　*78*
- 4.2 論理型プログラミング言語 Prolog ……………… 79
    - 1. ホーン節によるプログラミング　*79*
    - 2. 反駁としての Prolog プログラム実行　*81*
    - 3. 変数の扱いとバックトラック　*82*
- 4.3 意味ネットワークとフレーム表現 ………………… 85
    - 1. 意味ネットワーク　*85*
    - 2. フレーム表現　*86*
- 4.4 曖昧な知識の表現と推論 ……………………………… 87

　　　　1. 確信度　　87
　　　　2. 古典論理から3値論理へ　　89
　　　　3. 多値論理とファジー論理　　91
　　　　4. ベイズ理論　　94
　4.5　制約の表現と利用 ································· 99
　　　　1. 制約とは　　99
　　　　2. 探索によるCSPの解決　　101
　　　　3. 探索の効率化とCSPの拡張　　102
　4.6　これからの発展 ································· 104
　　演習問題 ··· 105

第5章　機械学習とデータマイニング

　5.1　丸暗記から機械学習へ ························· 107
　5.2　回帰と識別ルールの学習 ······················· 109
　5.3　データの種類 ································· 113
　5.4　パーセプトロンの登場と限界 ··················· 115
　5.5　深層学習（ディープラーニング）の登場 ········· 117
　　　　1. ニューラルネットワーク　　117
　　　　2. 誤差逆伝播法(バックプロパゲーション)による学習　　120
　　　　3. 問題点の克服による深層学習の発展　　122
　　　　4. その他のニューラルネットワークと深層学習　　125
　5.6　サポートベクターマシン ······················· 126
　5.7　決定木学習 ··································· 128
　　　　1. 決定木とは　　128
　　　　2. 情報量と情報の利得　　131
　　　　3. 決定木構築の方法　　133
　　　　4. 決定木利用と課題　　137
　　　　5. 決定木からルールへの変換　　138
　5.8　クラスタリング ······························· 139
　5.9　データマイニングの重要性 ····················· 141
　　　　1. データマイニングとは　　141
　　　　2. 実社会での期待　　142
　　　　3. 知識獲得ボトルネックの解決　　143

5.10 相関ルールのデータマイニング ………………………… 145
    1. 相関ルールマイニングとは　*145*
    2. 基本的な定義　*147*
    3. 頻出アイテム集合の探索　*149*
    4. 頻出アイテム集合から相関ルールへ　*150*
    5. オントロジー利用の相関ルールマイニング　*152*
5.11 データマイニングプロセス ………………………………… 154
5.12 これからの発展 …………………………………………… 156
演習問題 ……………………………………………………… 157

第6章　知識モデリングと知識流通

6.1 知識モデリングの目的 ……………………………………… 159
6.2 UML によるモデリング …………………………………… 161
    1. 論理的な知識の組込み　*166*
    2. モデルに基づくシステム開発　*167*
6.3 知識流通の技術 …………………………………………… 168
    1. 知識流通に必要なこと　*170*
6.4 XML による知識表現と流通 ……………………………… 171
    1. タグによる要素の表現　*171*
    2. XML による知識流通　*173*
    3. XML データベースによる知識ベース構築　*175*
    4. 流通知識のモデル化　*175*
    5. XML 標準化の動向　*177*
6.5 これからの発展 …………………………………………… 178
演習問題 ……………………………………………………… 178

第7章　Web 上で活躍するこれからの AI

7.1 Web の仕組みと限界 ……………………………………… 181
7.2 メタデータで意味を表す …………………………………… 185
7.3 セマンティック Web の実現技術 …………………………… 187
    1. 基盤技術　*188*
    2. 知識表現のモデルと RDF　*189*
    3. RDF スキーマによる語彙の定義　*192*

4. オントロジー　　*194*
　　　5. 論理層の知識記述　　*196*
　　　6. 上位層の構想　　*196*
　　　7. システム構築イメージ　　*197*
　7.4　セマンティック Web と関連する産業界の動向……198
　7.5　Web サービスとセマンティック Web………………199
　　　1. Web サービスとは　　*199*
　　　2. Web サービスの知的連携に向けて　　*200*
　7.6　これからの発展………………………………………203
　演習問題……………………………………………………204

第8章　社会で活躍する AI に向けて

　8.1　クラウドコンピューティングと並列分散コンピューティング…205
　8.2　ビッグデータとストリーム学習……………………208
　8.3　人工知能システムの品質保証………………………210
　8.4　人工知能と倫理………………………………………211
　演習問題……………………………………………………213

演習問題略解……………………………………………………215
参考文献…………………………………………………………225
索　　引…………………………………………………………229

第1章

人工知能の歴史と概要

本章では，人工知能の歴史について概観した後，人工知能とは何かについて考察する．続いて，初期の人工知能研究での最も大きな成果であるエキスパートシステムの概要と限界について学ぶ．最後に，本書の構成と使い方を説明する．

■ 1.1 人工知能の歴史

ソクラテス（Socrates）前470?～前399

プラトン（Plato）前427～前347?

アリストテレス（Aristotle）前384～前322

デカルト（René Descartes）1596～1650．フランス．哲学者，数学者．

ラメトリ（Julien Offroy de La Mettrie）1709～51．フランス．医師，哲学者．

古代ギリシアで哲学が生まれ，それは現在に続く偉大な学問に成長した．**ソクラテス**や**プラトン**，**アリストテレス**などは，紀元前四世紀頃すでに人間の知性や思考についての考察をめぐらした．二千数百年に及ぶ哲学の歴史は，人工知能の研究にも大きな影響を及ぼしている．

プラトンは**イデア論**により人間の知性を説明している．我々人間が物事を理解できるのは，生まれながらにして物事の原型であるイデアをもっているからであるとした．つまり，人間の知性の本質的な部分は生まれながらにして備わっているとする立場である．

17世紀のフランスでは，**デカルト**により身体と精神とを全く別個のものとして捉えるという心身二元論が唱えられた．他方**ラメトリ**は，「人間機械論」という著書を著し，精密な機械によって脳を

含む人間のすべてを人工的につくることが可能であるとした．

イギリスでは**ロック**がプラトンとは逆に，人間のすべての知能は経験から生じるという説を唱えた．生まれたときには，ちょうど「白紙」のような状態であり，経験を積み重ねることによってあらゆる概念に到達することができ，すべての知識に到達できるものとした．生まれた後に人間の知能が獲得されるという立場なので，**経験主義**という．現在の人工知能の研究者の中にも，ロックと同様の考え方に立ち，最初は何も知らないコンピュータに経験を与え続けることで，最終的に高い能力に到達できると考える立場の人々がいる．

> ロック（John Locke）1632～1704．イギリス．古典経験論（哲学）の創始者．

19世紀になると論理学においてアリストテレス以来の大きな進展が起きる．**ブール**は，人間は論理に基づいて思考していると考え，その体系を**ブール代数**としてまとめあげた．人間の知能を論理による記号操作で実現できるという考え方であり，今日の人工知能研究に大きな影響を与えている．このような立場を**記号主義**（または**計算主義**）という．他方，全く別の観点から人工知能の研究を進める立場もあり，**コネクショニズム**と呼ばれている．両者の考え方の違いについては，節を改めて説明する．

> ブール（George Boole）1815～64．イギリス．数学者，論理学者．

1940年代には現在のコンピュータの原型が完成する．それとほぼ同時に，コンピュータによる人工知能実現の研究が始まったといえるだろう．次節でも登場する**チューリング**は，コンピュータ開発に多大な貢献をなし，人工知能でも重要な成果を残している．

> チューリング（Alan Turing）1912～54．イギリス．

1956年に若手の研究者が米国のダートマス大学に集まって行った会議が，現在の人工知能研究の直接的なスタートであるとされている．それ以来，さまざまな成果が生まれている．

1957年にはコネクショニズムの立場から，**パーセプトロン**という新たな発想に基づく仕組みが開発され，画像認識などに用いられた．しかし1960年代には，その能力的限界が明らかになり，この立場での研究開発は停滞するようになる．

1980年代になるとパーセプトロンを多層化した**ニューラルネットワーク**に関する革新的な技術開発がなされ，再びコネクショニズムの立場での研究開発が活性化する．一方，記号主義の立場では，人工知能システム開発用の言語であるPrologを用いた精力的な研

究開発が行われるようになった.ファジー論理など知識の曖昧さを扱う技術開発も進んだ.

1990年代以降は,並列処理コンピュータによる高速処理能力を活用する研究と実用化が進んだ.Webの利用が当り前のことになり,人工知能を活用したアプリケーションやツールがWeb上で公開されるようになってきた.**セマンティックWeb**の実現に向けて動き始めたのもこのころである.機械学習の技術を活用したデータマイニングも注目されるようになった.

2010年ごろになると,さまざまな改良を経てきたニューラルネットワークの技術が**深層学習**(または**ディープラーニング**)と呼ばれるようになり,再び注目を集めるようになった.クラウドコンピューティングも拡がり,クラウド上に蓄積された大規模なデータや高速な計算資源を手軽に利用できる時代になってきた.クラウド上の潤沢な計算機資源に頼るクラウド人工知能も登場してきた.

人間の専門家の高度な能力をコンピュータで実現する**エキスパートシステム**は,人工知能研究の大きな成果の一つといえる.また,チェスや将棋のような思考力を必要とするゲームも人工知能の対象として盛んに研究されてきている.1996年にはチェスの世界チャンピオンを打ち負かすようなシステムも登場しており,最高レベルの人間に近づいてきている.将棋は取得した駒の再利用も可能なために,チェスよりもはるかに探索空間が広く複雑で難しいゲームである.2010年ごろには人工知能がトップレベルの棋士に勝利するケースが出てきている.将棋よりもさらに難しいといわれる囲碁においても,2016年に世界トップレベルの棋士に勝利を収めるまでになっている.

一般常識的な問題も含むクイズの分野でも人工知能が能力を発揮し始めており,米国の人気クイズ番組に出場して人間と対戦して優勝するまでに至っている.

このように,いくつかの分野や状況のもとでは,人工知能の技術は人間に匹敵するようになってきているものの,全体的に見ると人間と同等の知能レベルに到達するためには,さらなる研究開発が必要である.研究が進むにつれて,知能を実現するということの困難さが次々に明らかにされてきている.しかし同時に,新たな技術開

エキスパートシステム(expert system)

発も相次いでおり，従来の人工知能の限界が次々に乗り越えられている．高速なインターネットの普及，記憶装置の大容量化，マルチコア CPU や GPU による高速化なども人工知能技術の発展と普及に大きく貢献している．最近では，人工知能が人間の能力を超えるという**シンギュラリティ**（技術的特異点）の到来を予測する人たちも現れており，2030 年～2045 年ごろにそれが現実のものになると主張している．

GPU（Graphics Processing Unit）

人工知能の実現がまだ先のことだとしても，人工知能という分野を勉強することは，十分意義があることである．その理由の一つは，人工知能の研究で開発された技術が，コンピュータに関する多くの分野で活用されていて，システムを賢く使いやすいものとしているということである．今後ますます，人工知能分野生まれの技術が広まっていくであろう．そのような技術のルーツである人工知能という分野を，系統的に勉強しておくことは価値がある．

1.2 人工知能とは何だろうか：チューリングテスト

先に述べたように，人間の知能や知性について深く検討することは，古くからの哲学の課題であった．知能が人工的に実現できると考えた学者もいれば，そのようなことは不可能であるとした学者もいる．知能に関して，あるいは人工知能に関しての意見はさまざまである．コンピュータ開発に多大な貢献をしたチューリングは，「知能とは何か」を問うということには意味がないと考えた．そしてその代わりに，知能があるとみなせるかどうかのテスト（**チューリングテスト**）を提唱した（1950 年）．チューリングテストを説明する前に，同じくチューリングによって考案されたイミテーションゲーム（**模倣ゲーム**）について説明する．

模倣ゲーム（imitation game）

模倣ゲームには，二人のプレーヤ X と Y および観察者 A が参加する．X と Y のいずれかは男性であり，いずれかは女性であるが，観察者 A にはどちらがということは知らされていない．A は X と Y を見ることはできないが，タイプライタ（チューリングの時代の話．現在なら電子メールを使うだろう）によって，質問をしたり回

1.2 人工知能とは何だろうか:チューリングテスト

模倣ゲームのルール
① ゲームの参加者は,観察者AとプレーヤXとY. X, Yのどちらか一方が男性,他方は女性であるが,どちらがということをAは知らない.一定時間経過後に,AはXとYの性別を判定する.
② AとXやYはタイプライタ(電子メール)など,性別の情報が伝わらない方法で質問をしたり回答をもらったりできる.
③ 女性のプレーヤは,Aが性別を正しく判定できるように協力する.逆に,男性のプレーヤは,Aが間違うようにウソを答えたり,混乱するような発言をしたりする.

答をもらったりすることができる(図1.1).ルールは前ページに示すとおりである.

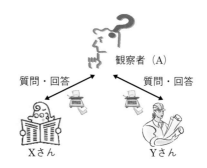

図1.1 男性と女性の模倣ゲーム

ゲームは例えば次のように進んでいくだろう.
　　A:あなた方の髪について教えてください.
　　Y:女の子らしいロングヘアにしています.
　　X:女性は私よ.彼の言うことを信じないで.
最終的にどちらが男性でどちらが女性かを正しく判定できることもあれば,間違ってしまうこともあり得るだろう.

チューリングテスト (Turing test)　**チューリングテスト**とは模倣ゲームと同じようなもので,人工知能と呼べるかどうかの判定を行うためのものである.図1.2に示すように,Xと観察者(A)とは別々の部屋にいる.Xは本当の人間かもしれないし,人工知能であるかもしれない.Aにはいずれで

> チューリングテスト
> ① Xと観察者Aはタイプライタ（電子メール）により，質問をしたり回答を受け取ったりする．
> ② Xが人工知能であるとき，Aにその事実を見破ることができるだろうか．もしも見破ることができなければ，Xは人間と同等の知能をもつと判定する．

あるのかは知らされていない．AとXはタイプライタや電子メールのような方法により，質問を行ったり回答を受け取ったりできる．Xが人工知能であることがAに見破ることができなければ，Xには人間と同等の知能があると判定しようというものである．

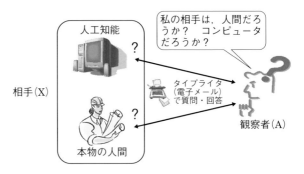

図 1.2　チューリングテスト

コンピュータのほうが人間よりもはるかに高い能力を発揮する場合がある．例えば，単純な算術計算などはその典型であろう．何桁もの計算がすぐにできれば，人間ではないことがわかってしまう．コンピュータの人工知能は，自分の能力を人間に合わせて低く見せるということも必要になる．

　　A：計算をしてください．123 456 789×987 654 321 はいくつになりますか．
　　X：(瞬時に) それは 121 932 631 112 635 269 です．
　　A：あなたは人間ではなくコンピュータです．

このようなテストで知能があるかないかを判定することに疑問を

もつ人も多いだろう．その中には，「人間以外のものに知能がもてるはずがない」というような思い込みもあれば，計算可能性に関するコンピュータの限界に関わるものもあるかもしれない．本書では省略するが，チューリングはそのような疑問の予想リストをあげ，一つずつ反論を行っている．人工知能が人間レベルに達しているかどうかの判定基準として，チューリングテストには，一定の価値が認められているといえよう．

　チューリングはチューリングテストの提唱からほどなくして，わずか42歳で惜しくも世を去った（1954年）．彼はチューリングテストにある程度耐え得る，すなわち人工知能にかなり近いものの実現が50年程度で可能と考えていたようである（1950年から見ての話である）．1990年から人工知能システムの能力をチューリングテストによって競うレブナー（Loebner）コンテストが開催されている．複数の人間の審査員が人間に近いと見なすシステムが出場するようになっている．

1.3　記号主義とコネクショニズム

　先に述べたように，知能があるかどうかの判断基準の一つとして，チューリングテストがある．それでは，人工知能は果たしてどのようにして実現できるのだろうか．コンピュータ上のプログラムを書けば実現できると考える読者が多いかもしれない．コンピュータを動かす手段がプログラムなので，この回答はそれなりに正しい．それでは，そのためのプログラムはどのような原理（モデル）にもとづいて構築すればよいのだろうか．言い方を変えると，知能の実現のためのモデルがどのようなものかということである．

　知能のモデルについて二つの立場がある．記号主義（計算主義）とコネクショニズムである．前者は人間の知能は，記号化された思考の対象上での論理的な操作（論理計算）に基礎をもつという考え方である．本章の第3章で学ぶ命題論理や述語論理は，この考え方に基づく論理的な操作を実現する手段と見なすことができる．第4章で学ぶPrologは記号主義の立場で人工知能システムを実現する

ためのプログラム言語である．

　コネクショニズムの立場は記号主義とは全く異なる．知能は人間の脳内で行われている仕組みを模倣することで実現できるとする考え方である．脳は多数の脳細胞（**ニューロン**）がシナプスで結合されており，**シナプス**により電気的な刺激がニューロン間に伝播されていく．刺激を受けたニューロンは，その刺激を増幅したり，減少させたりして他のニューロンに伝播する．入力として特定のニューロンに伝わった電気的な刺激が，つながっている多数のニューロンに伝播され，特定のニューロンに到達することで脳内の処理が完了する．個々のニューロンは刺激の中継という，ごく単純な処理を行っているだけに過ぎない．知能を実現しているのは脳全体としての働きとなり，個々のニューロンには知能の断片さえ見ることができない．

　このようなニューロンがネットワーク上に組み合わされた仕組みを模倣したものを**ニューラルネットワーク**と呼ぶ．第5章で学ぶように，この立場の一つに**深層学習（ディープラーニング）**があり，画像認識などの分野で人間に匹敵する能力を発揮し始めている．

　二つの立場のいずれが正解であるのかは未解決であり，各々の立場で研究開発を進めている多くの研究者や技術者がいる．記号主義が研究開発の主流となった時期もあれば，コネクショニズムが注目を集めた時期もある．両者の特徴を組み合わせたハイブリッド的な手法の提案もある．本書では記号主義の立場を重視しているが，両方の立場の技術のあらましを学ぶことができるようにしている．

■1.4　人工知能研究の立場と汎用人工知能

　人工知能とはその名前の通りに，人工的な方法で知能を実現することを目指している．このとき，どの程度まで人間に近い知能を目指しているかについては人により解釈が異なっている．

　サールという哲学者は，**強い人工知能**および**弱い人工知能**という言葉を使ってこの問題を論じた．このとき登場したのが「中国語の部屋の問題」である．中国語の部屋では外部から与えられる中国語

> サール（John Rogers Searle）1932〜　アメリカ．哲学者であり人工知能の批判で知られる．

に対して，部屋の中に貼ってある規則（英語で理解できるように書かれている）を使って中国語で外部に応答する．この部屋の中では，中国語に機械的に規則を適用して応答するという作業を行っているだけである．しかし外部から見れば，中国語を理解して応答しているように見えるだろう．

この部屋は中国語あるいはその中国語で与えられた文章を理解しているといえるのだろうか．単に規則を機械的に適用しているだけで，理解とは無関係ではないかとサールは問う．そしてさらに，コンピュータに高度な知能を実現して人間と同等に振る舞えるようにしたところで，所詮は中国語の部屋と同様ではないかと問う．

強い人工知能とは，真に人間と同等の知能をもつものであり，サールによれば人間と同じような認知的状態と，意識や意図が必要とされている．コンピュータによって実現可能なのは中国語の部屋レベルが限界であり，強い人工知能は不可能であると彼は結論している．

弱い人工知能とは人間の知能の検証や解明などに焦点を当て，分野や状況を限定して実現される一種のシミュレータのようなものである．これは十分に意味あることで，実現可能であると彼は論じている．

サールの議論は，知能の存在判定を外部から見た振る舞いによって規定する，チューリングテストに異を唱えるものであり，知能とは何かを問う本質的な問題にかかわるともいえる．しかし，この議論には認知状態や意識などの工学的な取扱いが困難な概念を含んでいる．そのため，このような議論をしたところで，人工知能の技術開発にはあまり関係しないという立場もある．

狭い人工知能とは，限定された分野で限定的な状況と目的においてのみ知的な振舞いするものをいう．したがって，状況や目的が変化すれば，人間による再構築を必要とする．この技術は，すでに多くの成功事例があるといえるだろう．これに対して**汎用人工知能（AGI）**とは，これらの限定から解放された人間のような汎用性をもつ知能を指す．設計時には想定されていない状況への対応能力をもつことがAGIの特長となる．機械学習の技術，とくに深層学習の技術もAGIの研究と関連していると見なす立場もある．AGIは

狭い人工知能
（Narrow Artificial Intelligence）

汎用人工知能
（Artificial General Intelligence, AGI）

強い／弱い人工知能という分類と，汎用／狭い人工知能という分類は全く異なる視点に基づくことに注意されたい．

今後の技術開発が期待されているテーマである．

1.5 伝統的人工知能技術：エキスパートシステム

1. エキスパートシステムの概要

　人工知能研究の歴史の中で，エキスパートシステムの実現は画期的な出来事であった（1970 年代）．**エキスパートシステム**とは，例えば科学者や医者が，データと知識と経験によって行う判断と同等の能力をもつコンピュータシステムのことである．図 1.3 にその概念図を示す．高度な専門家でなければできなかったことが，人工知能技術により，コンピュータで行うことができるようになったのである．人工知能の未来に多くの人々が多大な期待を寄せるきっかけとなった．表 1.1 に初期の代表的なエキスパートシステムの一覧を示すが，これら以外にも多数のシステムが開発されている．

　エキスパートシステムは，人間の専門家と同等の能力を目指すものであるから，次のような点が開発上のポイントなる．

> 知識表現（knowledge representation）

① **知識表現の問題**：人間のもつ知識をどのように表現するのか．医学分野などでは知識の曖昧さを表現する方法も必要となる．

② **知識利用（推論）の問題**：知識から結論を引き出す方法をどうするのか．

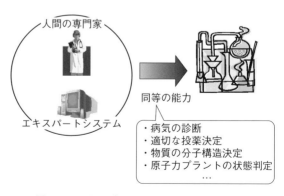

図 1.3　エキスパートシステムと人間の専門家

表 1.1　初期の代表的なエキスパートシステム

システム名	概　　要	特　　徴
DENDRAL	構造が未知の物質の分子構造決定	知識利用の有効性を実証．知識により構造の候補を生成し検証するgenerate & test 方式を採用．
INTERNIST	内科の全般的診断	統計的手法では困難な医学知識の曖昧さを表すため，知識のランク付け手法を導入．
MYCIN	感染症の診断と投薬決定の支援	IF-THEN型の知識に曖昧さを表現する確信度を付与し，推論にも確信度処理を組み込む．
PROSPECTOR	鉱脈探査の支援	ベイズ推論の応用により知識の曖昧さを処理．

③　**知識獲得の問題**：人間の専門家は膨大な知識をもっている．それをどうやって引き出せばよいのか．

知識獲得 (knowledge acquisition)

表 1.1 のシステムでは，こうした開発上のポイントについて，独自の解決が試みられている．それらをベースとして，今日に至るまでさまざまな技術が開発されている．

▌2．エキスパートシステムの構造と分類

典型的なエキスパートシステムの構成を図 1.4 に示す．各要素は次に説明する機能をもっている．

①　**知識ベース**：専門家のもつ知識を明確な形式で抽出し，システムが利用できる形式として格納する．例えば，IF-THEN

知識ベース (knowledge base)

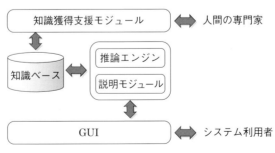

図 1.4　典型的なエキスパートシステムの構造

表 1.2　エキスパートシステムの分類

	タイプ	概　　要	事　　例
分析 (analysis)	診断(分析)型	現在のデータを最もよく説明できる診断を分析的に発見する．探索空間は設計型の場合より小さく，比較的単純な構成となる．	医療診断，プラント故障診断
合成 (synthesis)	設計(合成)型	与えられた条件を満足する設計解を生成する．設計解には組合せ的に膨大な可能性がある．膨大な解探索を行うための複雑なメカニズムを組み込む．	LSI 設計，プラント運転スケジュール立案
制御 (control)	制御型	システム制御や運転を知識に基づきリアルタイムで実行．機能的には診断型に近いが，高速処理が要求される．	プラント運転制御，列車運行制御

ルールによる知識表現などがよく用いられる．

② **推論エンジン**：データと知識ベース中の知識の照合を繰り返して，その状況での推論結果を導き出す．例えば，患者の診察データと病気に関する知識から，妥当な診断結果を導く．

③ **説明モジュール**：導き出した推論結果に対して，ユーザからの求めに応じて，なぜそのような結果が導かれたかを説明できるようにする．

④ **知識獲得支援モジュール**：知識ベースに格納するための専門家からの知識抽出を支援するためのツール．

⑤ **GUI（ユーザインタフェース）**：これを通じてシステムのユーザがシステムに処理依頼を行ったり，外部からのデータや必要な情報をシステムに与える．

人間の専門家が活躍する分野はさまざまであるし，専門的に行うことの内容も広範にわたる．それに対応して，エキスパートシステムにも多くの種類がある．それらを機能により分類した結果が表 1.2 である．

診断（分析）型のエキスパートシステムは，最も早く実現されたものといえる．さほどの高速性は要求されないし，知識による推論を行う際の探索空間も比較的小さい．構築のためのツールも開発されているので，このタイプのシステムは現在では，比較的容易に実現できるといってよいだろう．

設計（合成）型のシステムは，膨大な探索空間の克服に最大の課題がある．大規模な並列処理方式の研究や，経験的な知識により探索範囲を絞り込む手法などが開発されている．

制御型のシステムは，やや特殊である．プラント制御などの場合には，いかなる状況が発生しても，定められた時間内に処理を完了しなければならないという制約がある．高速処理という性能達成が重要な問題である．産業装置や自動車などの機器の一部に組み込まれ，動作する組込み型のシステムもある．この場合には，利用可能なメモリ量に制限がある場合が多い．携帯電話などの小型の機器に組み込む場合には，さらにシステム全体としての電力使用量や発熱量まで考慮しなければならない場合もある．人工知能の技術だけではなく，半導体技術，ソフトウェア工学，システム構築技術などの連携が必要となる．

> 処理時間に制約のあるシステムをリアルタイムシステムという．特に制約が厳しい場合をハードリアルタイムシステムという．

■3. エキスパートシステムの限界

多くのエキスパートシステムが開発され，その構築ツール（エキスパートシェル）も商業的に提供されるようになった．しかしやがて，エキスパートシステムの能力の限界が問題となりはじめ，また構築や維持のための膨大なコストも問題となりはじめた．現在では，一部の分野を除いては新たに大規模で本格的なエキスパートシステムが構築されることは少なくなってきている．エキスパートシステムが実用システムとして限界を生じた理由は簡潔にまとめると以下のようである．

① **知識獲得ボトルネック**：人間の専門家から知識を抽出する手間やコストが大きすぎる．対象分野の技術進歩に合わせて，知識を絶えず最新の状態に維持する必要もあり，システムのライフサイクルを通じて常に大きな手間とコストが継続する．

② **限定的な範囲しか対処できない**：人間の専門家のような柔軟性は現在の技術ではもつことができない．人間なら容易に対応できる常識的な問題や，不完全な情報のもとでの対応能力が乏しい．

③ **自己成長能力に欠ける**：自ら経験し進歩する能力に乏しい．人間が新たな知識や機能を追加しない限りは能力に変化がない．

これらの問題の克服につながる技術の開発は，現在でも続けられている．そうした研究開発から，人工知能の新たな応用も生まれてきている．例えば，知識獲得ボトルネック解決のために，過去の事例や実験データから自動的に知識を獲得するという技術が研究されている．それは**データマイニング**と呼ばれる技術に成長しており（第5章で説明する），最近のビジネスにおいて活用されている．

■1.6　人工知能技術の拡がり

人工知能技術は多くの場面で活躍するようになっている．人工知能の技術を組み込んだ知的なシステムへの期待は高まっている．以下は，人工知能技術の活躍が期待されている最近の主な分野である．

エージェント
(agent)

① **エージェント**という新たなソフトウェア技術が広まりつつある．エージェントに人工知能を組み込むことで，知識を使って自動的な判断やプラン生成を行ったり，状況に応じて適切なアクションを起こしたりできる．

電子商取引
(e-commerce)

② **インターネット**上の電子商取引では，異なる企業や組織間で知識や情報の交換を行う必要がある．他社との知識の違いを自動的に調整する技術が期待されており，特にオントロジーという一種の知識ベースが利用されている．

データマイニング
(data mining)

③ **データマイニング**のビジネスでの利用が広がっている．企業には顧客データや購買履歴データのような膨大なデータがある．そうしたデータに潜む知識をデータマイニングで自動的に発見し，新たなビジネス活動に利用する．データマイニングは人工知能での機械学習の技術が応用されている．最近では，ビッグデータとして，さらに発展している．

④ 人工知能での知識表現技術をベースとして開発された，汎用的なシステムモデリング言語 **UML**（Unified Modeling Language）が普及しはじめている．今後さらに表現能力を増すために，知識表現技術の応用が期待されている．

⑤ Web をより賢く使いやすいものにするため，人工知能技術の応用が始まっている．**セマンティック Web**（Semantic

Web) という，Web の意味に基づく推論や判断を自動的に行う仕組みの構築が始まっている．

自然言語（日本語や英語など）で人間と対話ができるようにすることも古くからの課題である．音声認識の技術だけでなく，曖昧な意味を解釈して理解する技術も必要となる．クイズチャンピオンを打ち負かすようなシステムでは，ジョークを交えた質問にも人間と類似の判断を下して解答できるなど，丸暗記レベルではとうてい対応できない知的な処理能力が実現されている．人工知能による自然言語処理は広く普及しはじめており，言葉による指示で Web 上の検索を実行するものや，スマートフォンの様々な機能を話しかけて利用できるものも登場している．

1.7 本書の構成と使い方

図1.5に本書の章構成を示す．第1章から第4章までは，基礎的な知識を重点的に学習する部分である．人工知能分野だけでなく，広くコンピュータサイエンスの基礎としてもこれらの知識を確実に身につけていただきたい．

第5章〜第8章は，応用を意識した実用技術を学習する．従来からの人工知能の教科書とは，考え方もかなり異なっているし，教材の選び方も独自である．

本書は，「現実の人工知能システムを構築する技術」の入門書であることを目指している．人工知能システム構築に必要な技術は，人工知能に直接関係するものだけとは限らない．現在は社会や経済の状況が，目まぐるしく変動している．情報・IT技術の変化も急速である．そうした状況の変動に迅速に対応できるようでなければ，「人工知能システム」とは言い難い．これを実現するためには，最新のソフトウェア工学の技術（特にモデリングの技術）が重要である．第6章でUMLによる知識モデリングを学ぶのはこのような理由である．さらに，これからのシステムは当然，インターネットやWeb上に構築されるものとなる．第6章ではさらに，そうした環境でのシステム構築のインフラストラクチャとして，XMLによ

ソフトウェア工学
(software engineering)

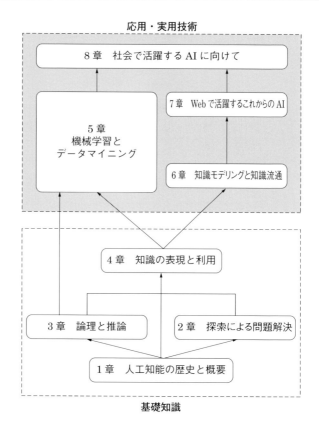

図 1.5　本書の章構成

る知識流通技術を学ぶ．

　第 5 章では，最近の人工知能研究開発で大きな注目を集めている機械学習について学ぶ．**機械学習**という技術は，人工知能が研究開発され始めた初期の時代から，取り組まれてきている分野である．機械（コンピュータやソフトウェア）に学習する能力をもたせることで，知能に到達することを目指している．多くの研究開発成果が得られており，すでに多数の実用システムに組み込まれている．現在の高機能なコンピュータシステム実現には不可欠な技術といってよいだろう．2010 年ごろからは，**深層学習**（ディープラーニング）という方式が脚光を浴びるようになり，従来の機械学習の限界を大きく超える能力を発揮するようになってきた．画像認識などの分野

においては，人間に匹敵するだけでなく，状況によっては人間を超える能力が実現されるようになっている．本章の前半部分で簡単に紹介したような最近の人工知能技術の急速な発展には，機械学習技術が大きくかかわっている．

機械学習と関係が深い技術として**データマイニング**がある．大量のデータから役に立つ知識を自動的に獲得すること目的としている．実際のビジネスの現場ですでに活用されており，更なる発展が期待されている．第 5 章では機械学習とデータマイニングの基礎と応用をしっかりと学ぶ．

第 7 章と第 8 章では，人工知能にとってこれからの大きなチャレンジであるセマンティック Web，ビッグデータなどについて学ぶ．

なお，本書の使い方として，最終ゴールである第 7 章または 8 章から逆にスタートするという方法も考えられる．今の人工知能が近い将来に何を目指しているのかをまず知り，その後にそれを実現するための要素技術を学んでいくという方法である．そのような場合

人工知能（Artificial Intelligence）は AI と省略して呼ばれることが多い．以降では，本書でも AI という略語を使う．

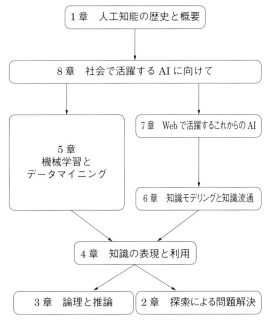

図 1.6　ゴールから逆順に勉強する

には，例えば図 1.6 に示すようにして，関連のある章をさかのぼりながら学習してほしい．

演習問題

問 1 あなたの身の回りで，人工知能の技術が使われていそうなものを探してみよ．パソコンやワークステーションだけがコンピュータではなく，いろいろな機器の中に組み込まれているものがある．例えば，携帯電話や家電製品，カーナビなどにもコンピュータが入っている．そのような組込み型のコンピュータにも注目してみよ．

問 2 あなたが使っているコンピュータや機器に対し，もっと賢くなってほしいと思うことを探してみよ．その不満を解決するための方法を考えてみよ．

問 3 あなたが得意なものを一つ選んで（将棋やテレビゲームでよい），重要と思われる知識を他人が見ても誤解なく理解できるように正確に書いてみよう．例えば将棋が得意な人なら，詰将棋をする場合にあなたがどのように考えて進めていくかを正確に書いてみよう．作業を行ってみて，どういう点で苦労したかをまとめてみよ．

問 4 チェス，将棋，囲碁について，どの程度の複雑さがあるかを調べ，どのくらい大きな数なのか考察せよ．

第2章

探索による問題解決

　人間が頭を悩ますような問題を，AIの技術を使ってコンピュータで解く方法を考える．難しい問題にもさまざまなものがあるが，ここで対象とするのは試行錯誤的な探索により問題を解くというものである．いろいろな種類のパズルやゲーム，ロボットの行動プラン作成などが含まれる．やみくもに探索を行うのでは，無限ループに陥り解に到達できない恐れもある．むだなく戦略的な探索を行うための方法について学ぶ．

■2.1　探索による問題解決とは

▎1. パズルの例

　簡単なパズル（8パズル）を例にして考えてみよう．容易に自作できるので，実際にコマを動かしながら考えるとわかりやすいだろう．このパズルでは，縦と横が3マスずつ（合計9個のマス）の正方形の盤面に，1から8までの数字のコマが入っている．コマが8個であることから8パズルという．4×4の盤面にすることもできるが，そのときには1から15までの数字のコマと空白マスになるので15パズルという．

　8パズルでは，適当な初期状態から盤面の空白のマスを使ってコ

> 8パズルの難しさは，章末の演習問題（問1）で計算する．

マを動かすことを繰り返して，ゴール状態に到達することを目標とする．ゴール状態とは，図 2.1 に示すようにコマが数字の順に正しく並んでいる状態である．

いま，初期状態として図 2.2 の盤面から始めるものとしよう．この状態では，ちょうど中央の位置に空白マスがあるので，４通りのコマの動かし方があり，図 2.3 に示す４通りの盤面となる可能性がある．ごく普通の人間（特殊な才能をもったパズルの達人のことは除外する）がこのパズルを解く場合には，この四つの可能性の中のどれか一つを勘に頼って選択し，さらにその後も場当たり的にコマを動かし続けていくことだろう．運が良ければいつかは解けるが，同じことの繰返しに陥ってしまうことも十分あり得る．しかし，初期状態からゴール状態へ到達する方法を直ちに知ることはできず，この問題は試行錯誤を伴う探索によってしか解くことができない．これを**探索問題**という．我々が必要とするものは，戦略的な探索方法である．

1	2	3
8		4
7	6	5

図 2.1　ゴール状態

1	2	3
8		5
7	4	6

図 2.2　初期状態の例

1		3
8	2	5
7	4	6

1	2	3
8	4	5
7		6

1	2	3
	8	5
7	4	6

1	2	3
8	5	
7	4	6

図 2.3　初期状態から可能な盤面

ロボットの行動プラン生成は，AI での重要な問題である．

2. ロボットの行動プラン作成

アームが１本あってブロックを持ち上げたり，降ろしたりできるロボット（というには少し大げさ過ぎるかもしれないが）を考えてみよう．このロボットの基本的なオペレーションは以下のようであるとする．第３章で学ぶ述語論理を使ってもっと厳密に記述できるが，ここでは概略にとどめている．X や Y は一種の変数であり，ブロックの名前（a，b，c など）をいちいち書く手間を省くためと考えればよい．

① **pickup(X)**：ブロック X をアームでつかんで持ち上げる．ただし，アームが何もつかんでおらず，ブロック X の上に何もない状態でなければならない．
② **unstack(X, Y)**：ブロック X がブロック Y の上に乗っているとき，ブロック X をアームでつかんで持ち上げる．ただし，アームが何もつかんでおらず，ブロック X の上には何も乗っていない状態でなければならない．
③ **putdown(X)**：アームがブロック X をつかんでいるとき，ブロック X を床に降ろす．
④ **stack(X, Y)**：アームがブロック X をつかんでいるとき，X をブロック Y の上に降ろす．ただし，ブロック Y の上には何もない状態でなければならない．

図 2.4 において，初期状態のように積まれているブロックをゴール状態のようにしたい．そのためにロボットが行うべきオペレー

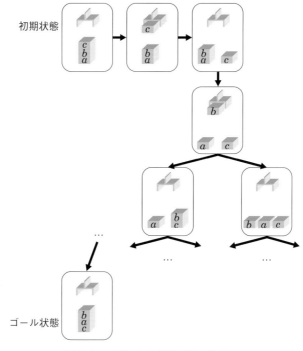

図 2.4　ロボットの行動プラン作成

ションの手順を求めることが，ロボットの行動プラン生成である．図中にあるような中間的な状態を経由しながら，ゴール状態にたどり着く手順を探索しなければならない．ブロックが複雑な形状をしている場合や，アームが複数になったり，部屋を移動しながらブロックを動かすような状況になると，パズルと同様に複雑な探索問題となる．ロボットの行動プラン作成に必要なことを以下にまとめておく．

① ロボットは，目標を達成するための行動プランを自分でつくる能力が必要となる．

② ロボットは，複数の指，手，足があったりするなど，複雑な構成となることもある．

③ ロボットが考え込んで停止しないように，高速にプランを作成できる高速性が必要となる．

④ 最も移動距離が少なくなるようにしたりするなど，ある基準での「コスト」も考慮した行動プラン作成が必要となることもある．

> 産業界で使われるロボットは，典型的なハードリアルタイムシステムである．

2.2 グラフによる探索問題の定式化

パズルとロボットで探索問題の例を説明した．そのほかにもこの手法が必要となる現実的な問題は多数ある．これらを個別に考えるのではなく，問題を一般的に定式化して汎用的に考えることが重要である．

パズルの盤面の状況やブロックの積み重なりの状況など，問題解決において考察の対象となる状況を状態と呼ぶ．可能な状態全体を**状態空間**と呼び V で表す．ある状態を別の状態へと変化させる操作を**オペレータ**といい，オペレータ全体を Op で表す．8パズルであればコマの動かし方全体が Op であるし，ロボットの場合であれば基本オペレーション全体が Op となる．ある状態ですべてのオペレータを適用できるとは限らないことに注意しよう．ロボットの場合では，アームが何もつかんでいないとか，ブロックの上に何も乗っていないなどの条件が付いている．条件が成立していなけれ

> オペレータ
> (operator)

ば，そのオペレータを適用することはできない．

状態をグラフのノードとし，状態でオペレータを適用して別の状態になるということを，ノードからノードへのエッジがあるとして表現できる．探索問題は，初期状態のノードからゴール状態のノードに到達する，グラフ上のパスを求める問題として定式化できる．図2.5に，8パズルをグラフで表現した場合の一部を示す．

> グラフについては，次ページのコラムで解説している．

探索問題では，無限にオペレータ適用を続けることが可能な場合もあり，そのときにはグラフが無限に伸び続けることになる．探索

探索問題のグラフによる定式化

① 問題をグラフ $G=(V, E)$ で表現する．

② 状態全体がノード集合 V となる．

③ 状態 $v_i \in V$ でオペレータが適用可能であり，その適用により状態が v_j に変化するとき，グラフ G にはこの二つのノード間にエッジ（辺）がある．すなわち $(v_i, v_j) \in E$ である．

④ 探索による問題解決とは，初期状態 $s \in V$ とゴール状態 $g \in V$ が与えられたとき，s から g に到達するグラフ G 上のパスを見いだすことである．

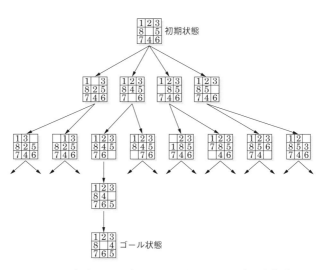

図 2.5 探索問題のグラフによる表現の一部（8パズル）

第 2 章 探索による問題解決

> **Column グラフ**
>
> グラフというデータ構造がコンピュータの世界ではよく使われる．図で書くとわかりやすいのだが，形式的には次のように定義される．
>
> ① グラフ G はノード（頂点）集合 V とエッジ（辺）集合 E の組 $G=(V, E)$ である．
>
> ② 辺 $e \in E$ とはノードの組 $e=(v_i, v_j)$ であり，これを v_i から v_j に向かう辺という．v_i を v_j の親と呼び，v_j を v_i の子という．なお，このようにエッジの向きを考えるときは有向グラフと呼び，向きを考えないときには無向グラフと呼ぶ．
>
> ③ ノード v_l から v_m へエッジをたどって到達できるとき，到達するまでに経由するノードからなる $p=(v_l, v_2, \cdots, v_m)$ を v_l から v_m へのパス（道）といい，p 中のノード数をパス長（道の長さ）という．自分自身に戻ってくるパス（$v_l = v_m$ のとき）を循環パスという．

有向グラフ
(directed graph)

無向グラフ
(undirected graph)

戦略 (strategy)

縦型探索 (depth-first search)

の方法によっては，ゴール状態に到達できずに無限ループに陥ってしまうこともある．

図 2.5 のグラフを見ながら考えてみよう．状態にオペレータを適用するということの繰返しにより，グラフは縦方向に延びていく．深さが深くなるという言い方もする．また，各状態では適用できるオペレータが複数あるために，到達できる状態の可能性が横方向にも広がっている．したがって，縦方向に探索を行うか，横方向に行うかの 2 通りの戦略を考えることができる．図 2.6，図 2.7 に，この二つの探索戦略のイメージ図を示す．一番上のノードが初期状態 s である．状態に付いている番号は，その状態が何番目に探索されるかを示す．初期状態は最初であるから，当然 1 となる．

縦型探索（depth-first search，**深さ優先探索**ともいう）では，初期状態の子状態（2 と番号が付いているもの）が一つ選ばれ，続

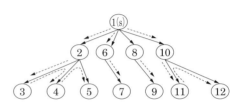

図 2.6 縦型探索のイメージ図

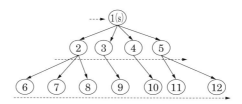

図 2.7　横型探索のイメージ図

いて 2 の状態の子状態 3 を調べる．状態 3 でオペレータ適用ができなくなっているので，状態 2 に戻り別の子状態 4 を調べる．初期状態から縦方向（深くなる方向）に進んでいく．

横型探索
(breadth-first search)

横型探索（breadth-first search，**幅優先探索**ともいう）では，初期状態の次にその子状態を全部調べるので，全部の子状態（2 から 5 まで）が順に調べられている．同じ深さにある状態の方向に探索が進んでいく（横方向）．

以降では，縦型探索や横型探索の詳細を説明する．

1．縦型探索

縦型探索は以下に示す手順を実行することで行われる．手順中の変数は下記の目的で使われる．

① OL：これから探索する状態を格納しておく．Open List の略である．
② CL：既に探索した状態を記録し，同じ状態を繰り返し探すことを防ぐ．Closed List の略である．
③ 親子ポインタリスト：解のパスを求めるための情報を保存する．

縦型探索の動きを図 2.8 の例題で説明する．橋でつながっている九つの島（アからケ）がある．アにいる初期状態から，ケにいるゴール状態へ到達するルートを求める．ある島にいる状態から，橋での移動というオペレータによって，別の島にいる状態に変わる．ただし，一方通行の橋もあるので注意が必要である．この探索問題をグラフで書くと図 2.9 となる．図 2.10 は，縦型探索での CL や OL の変化状況を示す．図 2.11 は探索の途中で到達する島を示しており，図中の番号が到達する順番である．

> **縦型探索の手順**
> **初期化**：CL を空にし，OL に初期状態だけを入れる．
> **ステップ1**：OL が空ならば終了（解なし）．
> **ステップ2**：OL から先頭要素 X を取り出し，ゴール状態かどうかを判定．ゴールなら終了（解が発見された）．ゴールでないなら，X を CL に追加する．
> **ステップ3**：X で適用可能なオペレータをすべて適用してできる状態全体 $V(X)$ をつくる．X で適用できるオペレータが存在しないならステップ1に戻る．
> **ステップ4**：$V(X)$ の要素で，CL にも OL にも入っていないもの全部を OL の先頭に追加する（$V(X)$ 中の要素の順番は任意でよい）．親子ポインタリストに X をそれらの親として登録する．
> **ステップ5**：ステップ1に戻る．

図 2.8 島のルート探索

図 2.9 島のルート探索のグラフ表現

親子ポインタリストには，探索の途中でわかるノードの親子関係が（親，子）として記録されていく．この例の場合には最終的に，((ア，イ)，(ア，エ)，(イ，ウ)，(イ，オ)，(ウ，カ)，(カ，ケ))のようになる．ゴール状態（ケ）に到達したとき，このリスト中の要素を調べることで，スタートからゴールまでのパス（ア→イ→ウ→カ→ケ）が求められる．

この例題の場合には，途中で行き止まりのルートに出会うことなく探索が終了した．少し状況を変えて，カからケに向かう方向が通行禁止になったものとしてみよう（図 2.12）．この場合の OL，CL

```
1. (初期化) OL=[ア]，CL= []
2. OL=[イ，エ]，CL=[ア]
3. OL=[ウ，オ，エ]，CL=[イ，ア]
4. OL=[カ，オ，エ]，CL=[ウ，イ，ア]
5. OL=[ケ，オ，エ]，CL=[カ，ウ，イ，ア]
6. ゴール状態(ケ)に到達
```

図 2.10　縦型探索中の OL と CL の変化

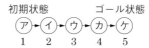

図 2.11　縦型探索の過程（図 2.8 のとき）

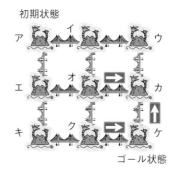

図 2.12　島のルート探索（一方通行の追加）

```
1. (初期化) OL=[ア]，CL= []
2. OL=[イ，エ]，CL=[ア]
3. OL=[ウ，オ，エ]，CL=[イ，ア]
4. OL=[カ，オ，エ]，CL=[ウ，イ，ア]
5. OL=[ク，エ]，CL=[オ，カ，ウ，イ，ア]
6. OL=[ケ，エ]，CL=[ク，オ，カ，ウ，イ，ア]
7. ゴール状態(ケ)に到達
```

図 2.13　縦型探索中の OL と CL の変化（カ→ケが通行禁止の場合）

の変化状況を図 2.13 に示す．この場合には，カから先に進めなくなるので，ウまで戻って別ルートを探索していることがわかる．島探索の順序を図 2.14 に示す．このように，失敗したときに前の状

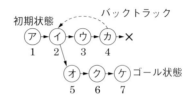

図 2.14　縦型探索の過程（図 2.12 のとき）

態に戻ってやり直すことを**バックトラック**（後戻り，backtrack）という．

後戻り（バックトラック，backtrack）

▌2．横型探索

横型探索は以下に示す手順を実行することで行われる．CL や OL は縦型探索の場合と全く同様の目的で使っている．先の縦型探索とよく比較してみよう．ほとんどの部分は同じである．違いはわずかにステップ 4 の部分にある．すなわち，縦型探索においては探索すべき状態集合 $V(X)$ を OL の先頭に追加したが，横型探索においては末尾に追加するという違いである．微妙な違いではあるが，探索が縦方向に進んでいくのか横方向に進んでいくのかという大きな差となっている．

横型探索の手順

初期化：CL を空にし，OL に初期状態だけを入れる．

ステップ 1：OL が空ならば終了（解なし）．

ステップ 2：OL から先頭要素 X を取り出し，ゴール状態かどうかを判定．ゴールなら終了（解が発見された）．ゴールでないなら，X を CL に追加する．

ステップ 3：X で適用可能なオペレータをすべて適用してできる状態全体 $V(X)$ をつくる．X で適用できるオペレータが存在しないならステップ 1 に戻る．

ステップ 4：$V(X)$ の要素で，CL にも OL にも入っていないもの全部を OL の末尾に追加する（$V(X)$ 中の要素の順番は任意でよい）．親子ポインタリストに X をそれらの親として登録する．

ステップ 5：ステップ 1 に戻る．

```
 1. (初期化) OL=[ア], CL=[]
 2. OL=[イ, エ], CL=[ア]
 3. OL=[エ, ウ, オ], CL=[イ, ア]
 4. OL=[ウ, オ, キ], CL=[エ, イ, ア]
 5. OL=[オ, キ, カ], CL=[ウ, エ, イ, ア]
 6. OL=[キ, カ, ク], CL=[オ, ウ, エ, イ, ア]
 7. OL=[カ, ク], CL=[キ, オ, ウ, エ, イ, ア]
 8. OL=[ク, ケ], CL=[カ, キ, オ, ウ, エ, イ, ア]
 9. OL=[ケ], CL=[ク, カ, キ, オ, ウ, エ, イ, ア]
10. ゴール状態(ケ)に到達
```

図 2.15　横型探索中の OL と CL の変化（図 2.8 のとき）

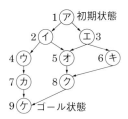

図 2.16　横型探索の過程（図 2.8 のとき）

先と同じ図 2.8 の例で，横型探索でルート探索を行ってみよう．図 2.15 に OL，CL の変化の状況を示し，図 2.16 に探索で到達する島の順序を示す．

3. 探索を実現するデータ構造

縦型探索と横型探索の手順はほとんど同じで，OL の先頭に追加するか，末尾に追加するかだけが違いとなっていた．OL から取り出すときには，先頭の要素から取り出すようになっている．そのため両者では，次のような差が生じる．図 2.17 も参考にして考えてみよう．これは，a，b，c をこの順番で追加したときの状況である．

① 先頭に追加した場合，先に追加したもののほうが後から取り出される．

② 末尾に追加した場合，先に追加したものは先に取り出される．

これらはおのおの，**スタック**（stack）と**キュー**（queue）というデータ構造に対応している．キューのことを待ち行列ということも

スタック（stack）
キュー（queue）

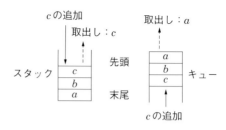

図2.17 スタックとキュー

ある．コンピュータ処理のいろいろな場面で利用される重要なデータ構造である．縦型探索や横型探索をおのおののデータ構造で書き直すことができるので，演習問題としておく．

① スタックは，要素を先頭に追加し先頭から取り出す．先に入ったものが後から出てくる．後入れ先出し（LIFO：Last In First Out）方式である．

② キュー（待ち行列）は，要素を末尾に追加し先頭から取り出す．先に入ったものが先に出てくる．先入れ先出し（FIFO：First In First Out）方式である．

後入れ先出し（LIFO：Last In First Out）

先入れ後出し（FIFO：First In First Out）

4. 探索方法の改良

縦型探索と横型探索には一長一短がある．縦型探索はメモリ使用効率で有利な場合が多いが，無限ループに陥りやすい．縦型探索の改良として**反復深化探索**（iterative deepening search）がある．この方法の手順を以下に示し，実行イメージを図2.18に示す．ここで，「状態の深度」とは，初期状態から何回のオペレータ適用でその状態に到達できるかを示す．初期状態を深度1とするとき，初期状態の子状態は深度2となる．

反復深化探索（iterative deepening search）

反復深化探索では，深度カウンタで指定される深度までに限定した縦型探索が行われる．その範囲で解が見つからなければ，深度を一つ深くして，再度縦型探索を行う．解が見つかるまでに同じノードが何回も縦型探索されるという効率上の問題はあるものの，縦方向の無限ループに陥る恐れは回避されている．

> **反復深化探索の手順**
> **ステップ 1**：深度カウンタ $n=1$ として実行開始する．
> **ステップ 2**：縦型探索で OL を作成するとき，深度が n より大の状態は OL に登録しない．それ以外は通常の縦型探索と同じに行う．解が見つかれば終了する．
> **ステップ 3**：解が見つからないときは，深度カウンタ n を一つ増加してステップ 2 の縦型探索実行に戻る．

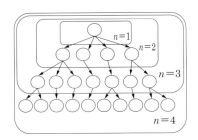

図 2.18　反復深化探索の実行イメージ

2.3　コストを考慮した探索

　これまでに説明した探索手法は，単にゴール状態に到達できればよいというものであった．しかし多くの現実問題では，**コスト**も考慮した探索が必要となる．例えば，図 2.19 では，島を結ぶ橋に通

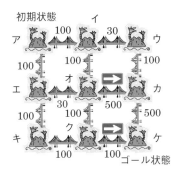

図 2.19　橋に通行料金がある場合のルート探索

行料金(通過に必要な時間などと考えても構わない)というコストが与えられている.最小料金(あるいは最短時間)でゴール状態に到達する解を求めなければならない.また,たとえコストが明示的に与えられていない場合であっても,最小回数のオペレータ適用でゴール状態へと到達する方法を優先して求めたいと考えることは自然である.その場合には,状態から状態への移動がすべてコスト1であるとみなして最小コストの解を求めることと同じである.

コストを考える場合の探索問題もグラフとして定式化できる.ただし,グラフ上の各エッジにコストが付随することになる.すなわち,オペレータが状態 v_i をコスト $c_{i,j}$ で状態 v_j にするとき,この二つのノードを結ぶコスト $c_{i,j}$ のエッジが存在する.状態 x から状態 y までのコストは,x から y までのパス上のエッジのコストの総和となる.コストを考える探索は,初期状態からゴール状態に至る最小コストのパスを求める問題となる.

図2.20で,初期状態 S からゴール状態 G の探索状況を考えよう.いま状態 x まで到達しているものとすると,S から x までのコスト $g(S, x)$ と,x から G までのコスト $h(x, G)$ に分けて考えることが

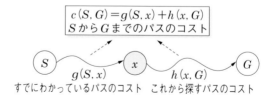

図 2.20 状態とコストの状況

最小コストパス探索

① 初期状態 S からゴール状態 G までのコストを,「わかっているパスのコスト」と「これから探すパスのコスト」に分けて考える.

② 分岐限定探索は,「わかっているパスのコスト」を利用する.

③ ヒューリスティック探索は,「これから探すパスのコスト」を利用する.

④ 両方のコストを利用する融合手法も開発されている.

できる．S から G までのコストは両者の和として，$c(S, G) = g(S, x) + h(x, G)$ となる．$g(S, x)$ は「すでにわかっているパスのコスト」であり容易に計算できる．他方 $h(x, G)$ は，「これから探すゴールまでのパスのコスト」であるから，x にいる時点では未定であり計算することはできない．以降で説明するように，これらの何れを利用するかで異なる探索手法となる．

1. 分岐限定探索

分岐限定探索
(branch-and-bound search)

「わかっているコスト」$g(S, x)$ に基づく探索方法として，**分岐限定探索**（分枝限定探索ともいう）がある．この方法は，初期状態からのコストが最小になるノードへと探索を伸ばしていく．図2.21 にその状況を示す．図中でノード x までコスト $g(S, x)$ で到達している．x の子ノード y に対し，x から y へのコストが $c_{x,y}$ なので，S から x を経由して y に至るパスのコスト（$g_x(S, y)$ と書く）は，$g_x(S, y) = g(S, x) + c_{x,y}$ となる．このとき，二つの可能性がある（OL については後に説明する）．

1. y が初めて訪れるノードである（OL に入っていない）．
2. y が別のパスによりすでに訪れたノードである（OL に入っている）．

最初のケースでは，$g_x(S, y)$ で求めた値を y に至るコストとすればよい．2番目のケースでは，過去のパスによる値 $g(S, y)$ と今回の $g_x(S, y)$ を比較して，小さいほうの値が新たな $g(S, y)$ の値となる．つまり，複数のパスで到達できるノードまでのコストは，コストが小さいほうのパスのコストになる．

フローチャート
(flowchart) は，処理手順（アルゴリズム）をわかりやすく示すためによく使われる．

分岐限定探索のフローチャートを図2.22 に示す．フローチャート中で使っている OL や CL は，横型探索や縦型探索のときと同様

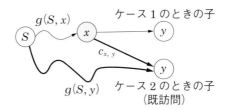

図2.21 分岐限定探索のイメージ図

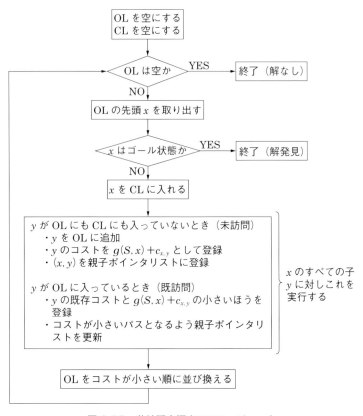

図 2.22 分岐限定探索のフローチャート

である.ただし,OL にノード x を登録するときには,そのコスト $g(S,x)$ も同時に記録する.少し複雑になっているが,基本的構造は横型探索に基づいており,先の二つのケースに分けたコストの処理が組み込まれている.もしもノード間のすべてのコストが同じであれば,横型探索と同じ動きとなる.

図 2.23 は図 2.19 の例に対して実行した場合の OL や CL の変化状況を示す.OL がコストにより並び換えられているので,最小コストのパスが見つかっていることが確認できる.

初期状態からゴール状態へのパスが存在するならば,分岐限定探索によりコスト最小のものが必ず発見できる.

```
1. (初期化) OL=[ア], CL=[]
2. OL=[(イ, 100), (エ, 100)], CL=[ア]
3. OL=[(エ, 100), (ウ, 130), (オ, 200)], CL=[イ, ア]
4. OL=[(ウ, 130), (オ, 130), (キ, 200)], CL=[エ, イ, ア]
5. OL=[(オ, 130), (キ, 200), (カ, 230)], CL=[ウ, エ, イ, ア]
6. OL=[(キ, 200), (カ, 230), (ク, 230)], CL=[オ, ウ, エ, イ, ア]
7. OL=[(カ, 230), (ク, 230)], CL=[キ, オ, ウ, エ, イ, ア]
8. OL=[(ク, 230), (ケ, 730)], CL=[カ, キ, オ, ウ, エ, イ, ア]
9. OL=[(ケ, 330)], CL=[ク, カ, キ, オ, ウ, エ, イ, ア]
10. ゴール状態(ケ)にコスト330で到達
```

図 2.23　分岐限定探索中の OL と CL の変化

2. ヒューリスティック探索

ヒューリスティック（heuristic）とは，英語で「発見に役立つ」という意味である．「ゴールに至るまでのパスのコスト」$h(x, G)$ に基づく手法を**ヒューリスティック探索**という．探索途中ではゴールに至るパスはまだ未知なのだから，そのコストを計算することはできない．そこで，未知の $h(x, G)$ の代わりに，すぐに計算できる予測値 $\hat{h}(x, G)$ を使うことを考える．

ヒューリスティック探索の中で最も単純な**山登り法**を例で説明する．図 2.19 で，状態 x の予測値 $\hat{h}(x, G)$ は，x から出ている最小コストの橋の値としてみる．$\hat{h}(ア, G) = 100$，$\hat{h}(イ, G) = 30$ のようになる．図 2.24 に山登り法の考え方を示す．今の状態 x の子状態の中で予測値が最小のものを一つ選び，他の状態は無視して探索を進めていく．予測値が同じものがある場合には，一つを選び出す基準を決めておく．選択した以外の候補は捨て去る．ア→エ→オ→ク→

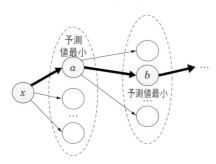

図 2.24　山登り法のアイディア

第2章　探索による問題解決

```
1. (初期化) OL=[ア], CL=[]
2. OL=[(イ, 30), (エ, 30)], CL=[ア]
3. OL=[(ウ, 30), (エ, 30), (オ, 30)], CL=[イ, ア]
4. OL=[(エ, 30), (オ, 30), (カ, 100)], CL=[ウ, イ, ア]
5. OL=[(オ, 30), (カ, 100), (キ, 100)], CL=[エ, ウ, イ, ア]
6. OL=[(ク, 100), (カ, 100), (キ, 100)], CL=[オ, エ, ウ, イ, ア]
7. ゴール状態(ケ)に到達
```

図2.25　最良優先探索中のOLとCLの変化

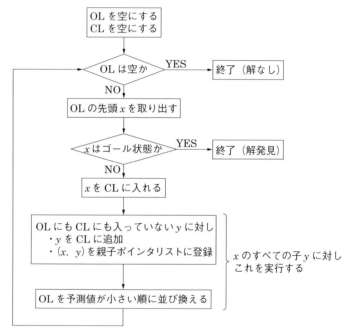

図2.26　最良優先探索のフローチャート

ケのように進んだ場合には最小コスト解を見つけることができるが，エではなくイの方向に進んだとすればうまくいかない．可能性を一つに絞るので，探索の効率は大幅にアップするが，成功する保証のない方法である．

　山登り法のように予測値で可能性を一つに限定せずに，縦型や横型探索と同様に，複数の候補を保持するようにしたものが**最良優先探索**である．そのフローチャートを図2.26に示す．OLやCLは図

最良優先探索
(best first search)

2.25のように変化する．最良優先探索では，ゴールに到達することはできるが，コスト最小のものが発見できる保証はない．

山登り法や最良優先探索では予測値$\hat{h}$の与え方によっては，最小コストとはならずに，見当はずれの解を求めてしまうこともある．これは人間がパズルを解いたりする状況と似ている．勘に頼って「何となく良さそう」という予測値で探索を進めるのだが，初心者は勘が当てにならないので，うまく解くことができない．上級者ほど勘が当たるようになってうまくいくようになってくる．予測値の精度が経験を積むことで向上したと考えることができる．

3. 融合的な方法

山登り法のようなヒューリスティック探索では，探索候補を絞り込めるため効率はアップするものの，解に到達できない恐れがある．最良優先探索でも，最小コストの解が見つかる保証がない．そこで，「すでにわかっているコスト」と「これから探索するコストの予測値」の両方を組み合わせて使う手法が開発されている．そのような手法として**A^*アルゴリズム**がよく知られている．

Aスターと読む．

状態xからゴールGに至る真の最小コストを$h^*(x, G)$とする．予測値$\hat{h}$が次式のように，どんな状態xに対しても常に，真の最小コスト以下の値を出すものとする．

$$\hat{h}(x, G) \leq h^*(x, G)$$

このような$\hat{h}$を用いて，$c(S, G) = g(S, x) + \hat{h}(x, G)$に基づく探索を行うことで，$A^*$アルゴリズムによる最小コストパスの発見が保証される．

このアルゴリズムは分岐限定探索に類似したものとなるが，細部で微妙に異なる（CLの処理など）．本書では省略するので，参考文献を見ていただきたい．

2.4 これからの発展

探索問題の研究はAIの最も初期の時点から行われてきている．本章の例で使ったゲームへの適用だけではなく，例えばカーナビで

のルート探索などにも使われているし，LSI の配置を決めるなど産業上でも多数応用されている．より効率の良い探索手法を求めて，現在でも研究が続けられている．チェスや将棋などでは，探索空間が極めて膨大となるため，本章で学んだ手法だけでは不十分である．大胆に探索空間を減らす方法が提案されている．また，木構造上の可能性をランダムに探索するという**モンテカルロ木探索**という方法が，将棋や囲碁などに用いられて効果を発揮するようになってきている．また，1 台のコンピュータで処理をするのではなく，多くのコンピュータを使う並列処理の方法も研究されている．

> モンテカルロ木探索（Monte-Carlo Tree Search）

並列処理に関する最近の技術発展は著しく，以前には高価で特殊なハードウェアを必要とした処理が汎用のパーソナルコンピュータを使って実現できるようになってきている．とくに，グラフィックス処理を高速に行うために並列処理を活用した専用ハードウェア（ボード）GPU（Graphics Processing Unit）を一般の処理の高速化にも役立てる技術がひろがりつつあり，GPGPU（GPU による汎用計算，General-Purpose computing on GPU）と呼ばれている．これを人工知能分野の処理に活用する技術が開発され始めている．このような方法は，従来の大規模で特殊な並列コンピュータとは異なり，費用もさほど高額ではないため人工知能の普及に貢献できる．

複数の独立したコンピュータを使って，大規模な問題を高速に処理する分散処理のツールも普及が著しい．フリーソフトウェアとして Hadoop とよばれるツールが提供されているが，これを用いることで分散ファイルシステムを比較的容易に構築できるようになり，人工知能で用いる大規模な知識ベースやデータの処理が可能となる．また，これに MapReduce という分散処理のツールを組み合わせることで大規模な問題に対する高速な分散処理も可能となる．

大規模な探索問題や第 5 章で学ぶ機械学習やデータマイニングがこのような並列あるいは分散処理の技術を用いて解決されるようになってきている．

効率の良い探索手法は，これからの AI システムの開発においても基礎の技術として重要な位置を占める．第 7 章での Web 上で活躍する AI（セマンティック Web）との関係では，図 2.27 に示すようになる．

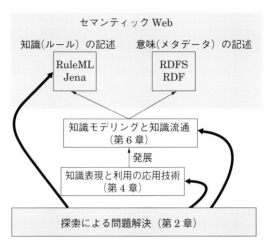

図 2.27　Web 上の AI での探索手法の活用例

演習問題

問 1　8パズル，15パズル，35パズルと大きくなっていくにつれて，コマの置き方の可能性はどのように増えていくだろうか．計算して確認してみよ．

問 2　スタックやキューを使って縦型探索と横型探索の処理を書き直してみよ．

問 3　次のようなパズルを探索問題として解いてみよう．キャベツをかついだ男が，オオカミとヤギを連れて川の左岸から右岸へ渡ろうとしている．岸には小さな舟が一隻しかないが，この舟には全員が乗ることはできない．

　① 男以外には，キャベツかオオカミかヤギのどれか一つしか乗せることができない．
　② 男がいっしょにいないと，オオカミはヤギを食べてしまう．
　③ 男がいっしょにいないと，ヤギはキャベツを食べてしまう．

　ヤギやキャベツが食べられることなく川を渡る方法を考えよ．
　この問題は制約充足という観点から考えることもできる．第 4 章を参照せよ．

第3章

知識表現と推論の基礎

前提から推論を重ねて結論を下すことを論証という．このような論証の形式的な正しさに関する体系的な研究が論理学である．現代の論理学は，記号的な表現を用いて推論の正しさを議論するので，記号論理学と呼ばれる．本章では，記号論理学の基本である，命題論理，述語論理，融合原理を学ぶ．これらは，AIにおける知識表現や推論の基礎となっている．

■3.1 命題論理

論証においては，前提とその中で使われている推論の過程が正しければ，得られた結論は正しいものとして認めざるを得ないものとなる．このような論証の形式的な正しさに関する体系的な研究が論理学であり，古代ギリシア時代に始まるといわれている．古代の論理学は日常言語に基づくものであったが，近代になって**ブール**や**フレーゲ**らにより，記号表現を用いる**記号論理学**へと発展した．AIの立場では，論理学は知識表現や推論の基礎を与えるものとなる．本節では，記号論理学の基本として**命題論理**について学ぶ．

なお論理学では，応用分野や訳語の違いにより，同じ概念に対し複数の用語があることがある．他の文献を参考にする際の便宜のた

ブール（George Boole）1815〜64．イギリス．数学者，論理学者．

フレーゲ（Gottlob Frege）1848〜1925．ドイツ．数学者，哲学者．

め，複数の用語をできるだけ記すようにしている．

1. 論理式

命題（proposition）とは，対象とする世界の事柄について述べるものであり，真か偽かの判断を下すことができるものである．表3.1に命題の例を示す．

表3.1　命題と論理式の例

例文（基本命題）	記号による表現（素論理式）
1. 太郎は日本人である．	p
2. アリスはアメリカ人である．	q
3. 風が吹く．	r
4. 桶屋が儲かる．	s
例文（複合命題）	記号による表現（論理式）
5. 太郎は日本人であり，アリスはアメリカ人ではない（太郎は日本人であり　かつ　アリスはアメリカ人では　ない）．	$p \wedge \neg q$
6. 風が吹けば，桶屋が儲かる（風が吹く　ならば　桶屋が儲かる）．	$r \to s$

表3.1の例文1, 2, 3, 4は，一つの事実のみを述べている命題（**基本命題**）であり，例文5, 6は複数の事実が結合された命題（**複合命題**）である．日本語では，「かつ」，「または」，「ならば」，「でない」などを使って，いくつもの基本命題を結びつけた複合命題を表現することができる．英語などでも同様である．なおこの表には，日本語に対応する論理式（この後に説明する）も示している．

<small>英語では, and（かつ）, or（または）, if~then（ならば）, not（でない）となる．</small>

記号論理学では命題は記号を用いて表現する．**論理式**（formula）とは，命題を記号的に表現したものである．命題論理の構成要素は次の二つである．

1. **素論理式**（atomic formula，または原子論理式，命題記号，命題変数）：基本命題を表現する記号のこと．$p, q, r, \cdots$などアルファベットの小文字で表す．
2. **論理記号**（logical symbol）：基本的な論理関係を表す記号のこと．$\neg, \wedge, \vee, \to, \leftrightarrow$を用いる．これらの記号はおのおの，「～でない」，「かつ」，「または」，「～ならば…」，「～ならば，そ

表 3.2　論理記号

論理記号	名　称	日常言語での意味
¬	否定(negation)	¬P　：Pでない（not P）
∧	連言(conjunction)	$P \land Q$：PかつQ（P and Q）
∨	選言(disjunction)	$P \lor Q$：PまたはQ（P or Q）
→	含意(implication)	$P \to Q$：PならばQ（if P then Q）
↔	同値(equivalence)	$P \leftrightarrow Q$：Pならば，そしてそのときに限りQ （PとQは同値である．P if and only if Q）

してそのときに限り…」を形式的に表現するものである（表 3.2 を参照）．

命題論理の**論理式**（命題論理式）は次のように定義される．以後，P, Q, R, …は，任意の論理式を表すものとする．この定義では，論理式であるための基本的な要素がまず定められ，続いてそれを用いて複合的な論理式を構成するための操作が与えられている．このような方法を**帰納的定義**と呼ぶ．

帰納的定義(inductive definition)は，コンピュータサイエンスの多くの場面で登場する．

命題論理の論理式(propositional formula)

■定義 3.1（命題論理の論理式）
1. 素論理式は論理式である．
2. P が論理式であれば，¬P も論理式である．
3. P と Q が論理式ならば，$P \land Q$, $P \lor Q$, $P \to Q$, $P \leftrightarrow Q$ も論理式である．
4. 以上の 1, 2, 3 で定義できるものだけが論理式である．

【例 3.1】 p, ¬p, (¬p), $p \to q$, $(p \land q) \to (\neg r \lor q)$ は論理式である．$p\neg$, pq, $p \to \to q$ は論理式ではない．

この定義に従って論理式を構成するときの論理記号の結合範囲を明確に示すため，適宜括弧 (,) を用いる．すべての括弧を記述すると繁雑になるので，論理記号の優先順序を

　　¬, ∧, ∨, →, ↔

として，誤解の生じない範囲で括弧を省略する．例えば，$p \land \neg q$ は，$(p \land (\neg q))$ を表す．$p \lor \neg q \land r \to p$ は $((p \lor ((\neg q) \land r)) \to p)$ を表す．

2. 論理式の意味

Tを1，Fを0で表すこともある．

命題や論理式の意味とは，真であるか偽であるかということである．命題や論理式が真である（成立する）ということを T で表し，偽である（成立しない）ということを F で表す．なお，T や F というのは，True と False の頭文字を取ったものである．先に述べたように，論理記号は，論理的な関係を表す記号であるから，その「意味」を表3.3のように与える．例えば，¬P は，P が真である（T）ときに偽（F），P が偽である（F）ときに真（T）となっており，「P でない」という否定に対応する．他の論理記号についても同様である．論理記号∨（または）や→（ならば）の意味は，数学の教科書などで使われている用法と同じであり，日常生活での用法と少し意味が異なる．P と Q のどちらも T であるときにも，$P \vee Q$ は T である．P が T で Q が F であるときのみ，$P \rightarrow Q$ は F である．P が F であるときには，Q が T であっても F であっても，$P \rightarrow Q$ は T になる．

表3.3 論理記号の意味

P	¬P
T	F
F	T

P	Q	$P \wedge Q$	$P \vee Q$	$P \rightarrow Q$	$P \leftrightarrow Q$
T	T	T	T	T	T
T	F	F	T	F	F
F	T	F	T	T	F
F	F	F	F	T	T

素論理式の数が増えると，真理値表が巨大になってしまう．

論理記号の意味が表3.3で定義されたので，論理式の真偽は，その論理式を構成する素論理式の真偽に基づいて，一意に決定できる．素論理式の真偽の組合せのことを**解釈**（interpretation）という．すべての解釈に対する論理式の真理値を表形式で表現したものを**真理値表**（truth table，または**真理表**）という．論理式に n 種類の素論理式が出現するとき，それぞれの素論理式が T か F かのいずれかの値をとるので，解釈は全部で 2^n 通りあり，真理値表は 2^n 行になる．

例として，論理式 ¬$(p \rightarrow q) \rightarrow r$ の真理値表を考えると，素論理式は p, q, r の3種類なので $2^3 = 8$ 通りの解釈が存在する．結果は表3.4に示すようになる．

表 3.4　論理式 ¬(p→q)→r の真理値表

p	q	r	$p \to q$	$\neg(p \to q)$	$\neg(p \to q) \to r$
T	T	T	T	F	T
T	T	F	T	F	T
T	F	T	F	T	T
T	F	F	F	T	F
F	T	T	T	F	T
F	T	F	T	F	T
F	F	T	T	F	T
F	F	F	T	F	T

表 3.4 からもわかるように，論理式の真偽は解釈によって変わる．しかし，$p \vee \neg p$ のように必ず真となる論理式もあれば，$p \wedge \neg p$ のように必ず偽となる論理式もある．どのような解釈においても，真となる論理式を**恒真式**（tautology）という．恒真式である論理式は，**妥当**（valid）であるともいう．どのような解釈においても，偽となる論理式を**恒偽式**（contradiction）という．恒偽式である論理式は，どのような解釈でも真とはならないので，**充足不能**（unsatisfiable）であるともいう．恒偽式でない論理式は，それを真とするような解釈が少なくとも一つは存在するので，**充足可能**（satisfiable）であるという．これらの論理式の間には，図 3.1 のような関係がある．

論理式 $((p \to q) \wedge (q \to r)) \to (p \to r)$ が恒真式であることは，表 3.5 の真理値表よりわかる．

▎3. 論理式の標準形

論理式 P と Q が，すべての解釈に対して同一の真偽値を取ると

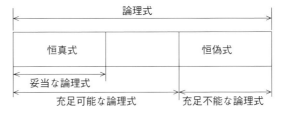

図 3.1　論理式の分類

表 3.5 論理式 $((p \to q) \land (q \to r)) \to (p \to r)$ の真理値表

p	q	r	$p \to q$	$q \to r$	$(p \to q) \land (q \to r)$	$p \to r$	$((p \to q) \land (q \to r)) \to (p \to r)$
T	T	T	T	T	T	T	T
T	T	F	T	F	F	F	T
T	F	T	F	T	F	T	T
T	F	F	F	F	F	F	T
F	T	T	T	T	T	T	T
F	T	F	T	F	F	T	T
F	F	T	T	T	T	T	T
F	F	F	T	T	T	T	T

き,P と Q とは**同値**(equivalent)であるという.同値な論理式どうしは,意味を考えているときには,それらを区別する必要がなく,置き換えて使うことができる.論理式が同値であるかどうかは,真理値表により確認することができる.数式の場合にならって,論理式が同値であることを = により表す.

> 【例 3.2】$p \to q$ と $\lnot p \lor q$ が同値である($p \to q = \lnot p \lor q$)ことは表 3.6 の真理値表からわかる.

表 3.6 $p \to q$ と $\lnot p \lor q$ の真理値表

p	q	$p \to q$	$\lnot p \lor q$
T	T	T	T
T	F	F	F
F	T	T	T
F	F	T	T

論理式を**標準形**(後で説明する)へ変形するためには,表 3.7 に示す同値関係による置換えが有効である.これらの同値関係が正しいことを確かめたければ,真理値表をつくって確認すればよい.

表 3.7 の結合則より,$p \land (q \land r) = (p \land q) \land r$ なので,以下では括弧を省略し $p \land q \land r$ と書く.$\lor$ のときも同様に,$p \lor q \lor r$ と書く.

> 【例 3.3】論理式 $(p \to q) \land \lnot q \land p$ は次のように同値変形できる.
>
> $(p \to q) \land \lnot q \land p$

表 3.7 論理式の変換によく使われる同値な関係

(1) $P \leftrightarrow Q = (P \rightarrow Q) \wedge (Q \rightarrow P)$
(2) $P \rightarrow Q = \neg P \vee Q$
(3) (3a) $P \wedge \boldsymbol{T} = P$,　(3b) $P \wedge \boldsymbol{F} = \boldsymbol{F}$,　(3c) $P \vee \boldsymbol{T} = \boldsymbol{T}$,　(3d) $P \vee \boldsymbol{F} = P$
(4) 二重否定の法則 $\neg(\neg P) = P$
(5) べき等則　(5a) $P \wedge P = P$ 　　　　　(5b) $P \vee P = P$
(6) 補元則　(6a) $P \wedge \neg P = \boldsymbol{F}$ 　　　　(6b) $P \vee \neg P = \boldsymbol{T}$
(7) 交換則　(7a) $P \wedge Q = Q \wedge P$ 　　　　(7b) $P \vee Q = Q \vee P$
(8) 結合則　(8a) $P \wedge (Q \wedge R) = (P \wedge Q) \wedge R$　(8b) $P \vee (Q \vee R) = (P \vee Q) \vee R$
(9) 分配則　(9a) $P \wedge (Q \vee R) = (P \wedge Q) \vee (P \wedge R)$　(9b) $P \vee (Q \wedge R) = (P \vee Q) \wedge (P \vee R)$
(10) ド・モルガンの法則
　　(10a) $\neg(P \wedge Q) = \neg P \vee \neg Q$　　　　(10b) $\neg(P \vee Q) = \neg P \wedge \neg Q$

$$= (\neg p \vee q) \wedge (\neg q \wedge p)$$
$$= (\neg p \wedge \neg q \wedge p) \vee (q \wedge \neg q \wedge p)$$
$$= \boldsymbol{F} \vee \boldsymbol{F}$$
$$= \boldsymbol{F}$$

論理式には同値なものが存在するが，それらを代表する形を標準形として決めておくと便利である．ここでは，節形式という標準形を学ぶ．これは節を**連言**（∧，「かつ」）で結合した形をしているので，連言標準形ともいう．

連言（conjunction）

■**定義 3.2**（命題論理の節形式（連言標準形））
1. 素論理式，または素論理式の否定を**リテラル** (literal) という．
2. 有限個のリテラル $l_1, l_2, \cdots, l_m$ を選言で結合した論理式 $l_1 \vee l_2 \vee \cdots \vee l_m$ を**節** (clause) という．
3. 有限個の節 $C_1, C_2, \cdots, C_n$ を連言で結合した論理式 $C_1 \wedge C_2 \wedge \cdots \wedge C_n$ を**節形式** (clausal form) または**連言標準形** (conjunctive normal form) という．

【例 3.4】 $p, \neg q$ はリテラルである．$p \vee r, p \vee \neg q, \neg p \vee q \vee \neg r, p, \neg q$ は節である．$(\neg p \vee \neg q \vee \neg r) \wedge (\neg p \vee r) \wedge$

$(\neg p \vee q)$, $(\neg p \vee q \vee r) \wedge p$, $\neg p \vee q$, $\neg q$, p は節形式である．

任意の論理式は，以下の同値な式変形を繰り返し行うことにより節形式に変換できる．
1. $P \leftrightarrow Q$ を $(P \rightarrow Q) \wedge (Q \rightarrow P)$ で置き換えて，同値記号 $\leftrightarrow$ を除去する．
2. $P \rightarrow Q$ を $\neg P \vee Q$ で置き換えて，含意記号 $\rightarrow$ を除去する．
3. $\neg(\neg P) = P$, $\neg(P \wedge Q) = \neg P \vee \neg Q$, $\neg(P \vee Q) = \neg P \wedge \neg Q$ を使って否定記号が素論理式の直前にくるようにする．
4. 分配則 $P \vee (Q \wedge R) = (P \vee Q) \wedge (P \vee R)$, $(P \wedge Q) \vee R = (P \vee R) \wedge (Q \vee R)$ を適用する．

上記の変換過程において，他の同値な関係を利用して論理式の表現を簡単にしてもよい．

【例 3.5】 $(p \rightarrow q) \rightarrow (q \rightarrow r)$ は，次のようにして節形式に変換できる．
$$(p \rightarrow q) \rightarrow (q \rightarrow r)$$
$$= \neg(\neg p \vee q) \vee (\neg q \vee r)$$
$$= (p \wedge \neg q) \vee (\neg q \vee r)$$
$$= (p \vee \neg q \vee r) \wedge (\neg q \vee \neg q \vee r)$$
$$= (p \vee \neg q \vee r) \wedge (\neg q \vee r)$$

4. 論理的な推論

最初に述べたように，論理学の目的の一つは推論（論証）の正しさを論じることであった．我々が日常的に行う推論は，いくつかの前提から結論を導くことであろう．ここでは，命題論理における推論について学ぶ．

前提から結論を導きだす基本的な推論形式のことを**推論規則**（inference rule）という．推論規則としては，次の3種類が知られている．ここでは，「ゆえに」を横線で表すことにする．

モーダス・ポーネンス（modus ponens，肯定式）

(1) $P \to Q$　　（例）　台風が来る　ならば　学校は休みである．
(2) P　　　　　　　　　台風が来る．
―――――――　　　　　　ゆえに，
(3) Q　　　　　　　　　学校は休みである．

否定式

(1) $P \to Q$　　（例）　大学生である　ならば　論理学の知識がある．
(2) $\neg Q$　　　　　　　論理学の知識がない．
―――――――　　　　　　ゆえに，
(3) $\neg P$　　　　　　　大学生ではない．

三段論法

(1) $P \to Q$　　（例）　ソクラテスである　ならば　人間である．
(2) $Q \to R$　　　　　　人間である　ならば　死ぬべきものである．
―――――――　　　　　　ゆえに，
(3) $P \to R$　　　　　　ソクラテスである　ならば　死ぬべきものである．

【例3.6】 日常生活における推論の例を，図3.2に示す．「晴天ならば遠足に行く」，「遠足に行くならばおやつがいる」ということや「おやつがいるならばコンビニに行く」ということがわかっているとする．「晴天である」という事実がわかったとき，「コンビニに行く」という結論を得る過程は，図3.2に示すように，モーダス・ポーネンスや三段論法が使われていると考えることができる．

上で述べた三つの基本的な推論形式は，論理的に「正しい」ことが知られている．以下では，この正しさについて正確に述べることにする．

■定義 3.3（論理的帰結，健全な推論）
　論理式 $P_1, \cdots, P_n, Q$ が与えられているとする．すべての $P_1, \cdots, P_n$ が真となる任意の解釈において Q もまた真となるとき，Q は $P_1, \cdots, P_n$ からの**論理的帰結**（logical consequence）であるといい，$P_1, \cdots, P_n \models Q$ と書く．このとき，$P_1, \cdots, P_n$ から Q を導く推論は**健全**（sound）であるという．

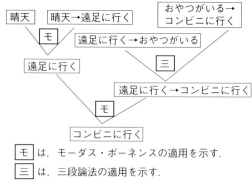

モ は,モーダス・ポーネンスの適用を示す.
三 は,三段論法の適用を示す.

図 3.2 推論規則の適用を積み重ねる例

> [定理 3.1] 論理式 $P_1, \cdots, P_n, Q$ が与えられているとする.Q が $P_1, \cdots, P_n$ からの論理的帰結であることと,論理式 $(P_1 \wedge \cdots \wedge P_n) \rightarrow Q$ が妥当であることは同値である.

≪証明≫ Q が $P_1, \cdots, P_n$ からの論理的帰結であるとする.I を任意の解釈とする.I において $P_1 \wedge \cdots \wedge P_n = \boldsymbol{T}$ である場合を考える.このとき,I において $P_1, \cdots, P_n$ のすべてが真であるので,論理的帰結の定義より,解釈 I において $Q = \boldsymbol{T}$ となる.よって,この解釈 I において $(P_1 \wedge \cdots \wedge P_n) \rightarrow Q = \boldsymbol{T}$ である.また,I において $P_1 \wedge \cdots \wedge P_n = \boldsymbol{F}$ である場合を考える.このとき,I において $(P_1 \wedge \cdots \wedge P_n) \rightarrow Q = \boldsymbol{T}$ となる.どのような解釈においても $(P_1 \wedge \cdots \wedge P_n) \rightarrow Q = \boldsymbol{T}$ であることが示されたので,論理式 $P_1 \wedge \cdots \wedge P_n \rightarrow Q$ は妥当である.

逆に,論理式 $(P_1 \wedge \cdots \wedge P_n) \rightarrow Q$ が妥当であるとする.任意の解釈 I に対して,I において $P_1 \wedge \cdots \wedge P_n = \boldsymbol{T}$ であるならば,I において $Q = \boldsymbol{T}$ である.すなわち,$P_1, \cdots, P_n$ のすべてを真にする解釈においては,必ず $Q = \boldsymbol{T}$ となる.したがって,Q は $P_1, \cdots, P_n$ からの論理的帰結である.

この定理により,例えば,三段論法が健全な推論であることを確かめるためには,$((P \rightarrow Q) \wedge (Q \rightarrow R)) \rightarrow (P \rightarrow R)$ が妥当であることを確かめればよいことがわかる.このことは,表 3.5 の真理値表よ

りすでに確かめたことである．

▌5．命題論理の公理系と証明

ある恒真式の集合を出発点として，健全な推論規則を適用して，新たに恒真式を生成する体系（system）を考える（図 3.3 を参照）．このような体系で出発点となる恒真式を**公理**（axiom）といい，公理の集合を**公理系**（axiom system）という．公理系から出発して，推論規則を適用することにより得られる論理式を**定理**（theorem）という．論理の体系では，定理の集合と恒真式の集合が一致することが望ましい．

命題論理の体系としては，次のものがよく用いられる．ここで，A，B，C は，任意の命題論理式を表すものとする．

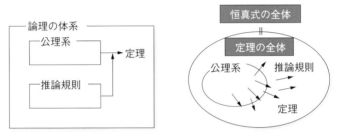

図 3.3　論理の体系のイメージ

命題論理の体系
公理系（公理 1）　$A \to (B \to A)$
　　　　　（公理 2）　$(A \to (B \to C)) \to ((A \to B) \to (A \to C))$
　　　　　（公理 3）　$(\neg A \to \neg B) \to ((\neg A \to B) \to A)$
推論規則（モーダス・ポーネンス）　A と $A \to B$ から B を得る．

上記の公理系では，A，B，C が任意の命題論理式を表すので，公理である論理式は無限に存在することになる．なお，

① 　$A \wedge B = \neg(A \to \neg B)$
② 　$A \vee B = \neg A \to B$
③ 　$A \leftrightarrow B = (A \to B) \wedge (B \to A) = \neg((A \to B) \to \neg(B \to A))$

が成り立つので，論理記号 $\wedge$，$\vee$，$\leftrightarrow$ を含む論理式は，論理記号 $\neg$

と→だけを使って表現できる．そのため，公理系では論理記号が¬と→しか使われていない．

公理系から推論規則を用いて定理を導き出す過程のことを，**証明**（formal proof，または**形式的証明**）という．正確な定義は以下のとおりである．

> ■**定義 3.4（証明，証明可能，定理）**
> 1. 次の条件を満たすような論理式の有限系列 B_1, B_2, $\cdots$, B_n を，論理式 B_n の**証明**という．(a) $B_i(1 \leq i \leq n)$ は公理である，または，(b) $B_i(1 < i \leq n)$ は $B_j(1 \leq j < i)$ と $B_k(1 \leq k < i)$ から推論規則によって直接導かれた論理式である．
> 2. 論理式 B に対して証明が存在するとき，B は**証明可能**であるといい，$\vdash B$ と表記する．
> 3. 証明可能な論理式を**定理**という．

【例 3.7】任意の論理式 P に対して，$\vdash P \to P$ であることを示す．
(1) $A_1 = P \to ((P \to P) \to P)$ は公理である（公理 1 において $A = P$, $B = (P \to P)$ とする）．
(2) $A_2 = (P \to ((P \to P) \to P)) \to ((P \to (P \to P)) \to (P \to P))$ は公理である（公理 2 において $A = P$, $B = (P \to P)$, $C = P$ とする）．
(3) A_1, A_2 に推論規則を適用すると，$A_3 = (P \to (P \to P)) \to (P \to P)$ が導かれる．
(4) $A_4 = P \to (P \to P)$ は公理である（公理 1 において $A = P$, $B = P$ とする）．
(5) A_3, A_4 に推論規則を適用すると，$A_5 = P \to P$ が導かれる．

よって，論理式の有限系列 A_1, A_2, A_3, A_4, A_5 は論理式 $A_5 = P \to P$ の証明である．すなわち，$\vdash P \to P$ であり，論理式 $P \to P$ は定理である．

与えられた論理式に対して証明を見つけることは，一般には容易ではない．そこで，適当な論理式を仮説として設定し，公理と仮説から与えられた論理式を導く方法が考えられる．このような方法を**仮説からの演繹**（deduction from hypothesis）という．正確な定義は以下のとおりである．

> ■**定義 3.5**（仮説からの演繹，演繹可能）
> 1. Γ を論理式の有限系列とする．次の条件を満たすような論理式の有限系列 $B_1, B_2, \cdots, B_n$ を，仮説 Γ からの論理式 B_n の**演繹**という．(a) $B_i (1 \leq i \leq n)$ は公理か Γ の論理式である，または，(b) $B_i (1 < i \leq n)$ は $B_j (1 \leq j < i)$ と $B_k (1 \leq k < i)$ から推論規則によって直接導かれた論理式である．
> 2. 論理式 B に対して仮説 Γ からの演繹が存在するとき，B は Γ から**演繹可能**であるといい，$\Gamma \vdash B$ と表記する．

論理式の有限系列 Γ からの演繹において，Γ が空列である，すなわち仮説を設定しない特別な場合が証明である．仮説からの演繹から証明を得るには，次の定理が有用である．

> [**定理 3.2**（演繹定理）] $A_1, A_2, \cdots, A_{n-1}, A_n, B$ を論理式とする．$A_1, A_2, \cdots, A_{n-1}, A_n \vdash B$ であるならば，$A_1, A_2, \cdots, A_{n-1} \vdash A_n \rightarrow B$ が成り立つ．

演繹定理の使い方を例で説明する．$A_1, A_2, A_3 \vdash B$ であるとする．演繹定理を 1 回使うと，$A_1, A_2 \vdash A_3 \rightarrow B$ を得る．演繹定理をもう 1 回使うと，$A_1 \vdash A_2 \rightarrow (A_3 \rightarrow B)$ を得る．演繹定理をさらにもう 1 回使うと，$\vdash A_1 \rightarrow (A_2 \rightarrow (A_3 \rightarrow B))$ を得る．このようにして演繹定理を繰り返し使うことにより，仮説からの演繹から仮説のない演繹，すなわち，証明を得ることができる．一般に，$A_1, A_2, \cdots, A_{n-1}, A_n \vdash B$ であるならば，演繹定理を繰り返し使うことにより $\vdash A_1 \rightarrow (A_2 \rightarrow \cdots (A_{n-1} \rightarrow (A_n \rightarrow B)) \cdots)$ を得ることができる．

演繹定理の逆も成立することを示す．$A_1, A_2, \cdots, A_{n-1} \vdash A_n \rightarrow B$ であるとする．推論規則により $A_n \rightarrow B, A_n \vdash B$ である．この二つより，$A_1, A_2, \cdots, A_{n-1}, A_n \vdash B$ が成り立つ．よって，演繹定理

の逆も成立することがわかった．すなわち，$A_1, A_2, \cdots, A_{n-1} \vdash A_n \to B$ であるならば，$A_1, A_2, \cdots, A_{n-1}, A_n \vdash B$ が成り立つ．

定義に従って，証明可能または演繹可能であることを示すことが複雑であるときに，演繹定理を使えば容易に示せることがある．次はその例である．

> 【例 3.8】 任意の論理式 P に対して，P を仮説とすると $P \vdash P$ である．ここで，演繹定理を用いると $\vdash P \to P$ が成立する．例 3.7 と同じ結論を容易に示すことができる．

> 【例 3.9】 任意の論理式 P, Q に対して，$\vdash \neg P \to (P \to Q)$ であることを示す．
> (1) $A_1 = \neg P$ を仮説とする．
> (2) $A_2 = \neg P \to (\neg Q \to \neg P)$ は公理である（公理 1 において $A = \neg P, B = \neg Q$ とする）．
> (3) A_1, A_2 に推論規則を適用すると，$A_3 = \neg Q \to \neg P$ が導かれる．
> (4) $A_4 = P$ を仮説とする．
> (5) $A_5 = P \to (\neg Q \to P)$ は公理である（公理 1 において $A = P, B = \neg Q$ とする）．
> (6) A_4, A_5 に推論規則を適用すると，$A_6 = \neg Q \to P$ が導かれる．
> (7) $A_7 = (\neg Q \to \neg P) \to ((\neg Q \to P) \to Q)$ は公理である（公理 3 において $A = Q, B = P$ とする）．
> (8) A_3, A_7 に推論規則を適用すると，$A_8 = (\neg Q \to P) \to Q$ が導かれる．
> (9) A_6, A_8 に推論規則を適用すると，$A_9 = Q$ が導かれる．
>
> よって，論理式の有限系列 $A_1, A_2, A_3, A_4, A_5, A_6, A_7, A_8, A_9$ は，仮説 $A_1 = \neg P, A_4 = P$ からの論理式 $A_9 = Q$ の演繹である．すなわち，$\neg P, P \vdash Q$ である．これに演繹定理を 2 回用いると，$\vdash \neg P \to (P \to Q)$ であることがわかる．

証明，または，仮説からの演繹は，二分木で表すとわかりやすい．ただし，証明や演繹を木で書く場合には，根が下になるようにする．

① 木の葉にある論理式は公理または仮説である．
② 葉でない頂点にある論理式は，その上にある二つの論理式から推論規則により導かれる結論である．
③ 根にある論理式は，証明可能または演繹可能である．

仮説からの演繹を表す木において，葉の論理式がすべて公理である特別な場合が，証明を表す木になる（図 3.4）．図 3.5 は，例 3.7 の $P \to P$ の証明を表す木である．図 3.6 は，例 3.9 の $\neg P$ と P からの Q の演繹を表す木である．

命題論理の体系は，次の二つの定理で述べるような重要な性質をもつことが知られている．命題論理の完全性定理（定理 3.3）は，命題論理の体系では，形式的な推論で規定される定理の集合と，解釈を用いて意味的に規定される恒真式の集合が一致することを示す

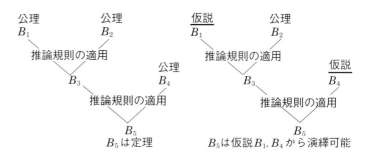

図 3.4　証明を表す木と演繹を表す木

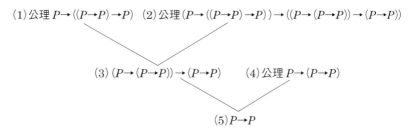

図 3.5　$P \to P$ の証明を表す木

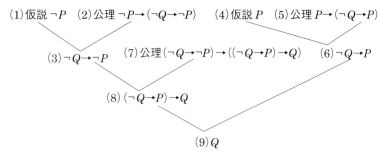

図 3.6 ¬P と P からの Q の演繹を表す木

ものである（図 3.3 を参照）．定理がすべて恒真式となることは，命題論理の公理が恒真式であり，推論規則が健全であることからわかる．逆に，恒真式はすべて定理であることも示すことができる．

> [定理 3.3（命題論理の完全性定理（completeness theorem））]
> （1）（**命題論理の健全性**）命題論理の体系では，定理はすべて恒真式である．
> （2）（**狭い意味における命題論理の完全性**）命題論理の体系では，恒真式はすべて定理である．

ある論理体系において，P と $\neg P$ が同時に証明可能となるような論理式 P が存在するとき，この論理体系は**矛盾**している（inconsistent）という．論理体系が矛盾していないとき，この論理体系は**無矛盾**（consistent）であるという．

> [定理 3.4（命題論理の無矛盾性（consistency））] 命題論理の体系は無矛盾である．すなわち，命題論理の体系では，いかなる論理式 P に対しても，P と $\neg P$ が同時に証明可能となることはない．

■3.2 述 語 論 理

述語論理とは，命題の内部にまで踏み込んで真偽が論じられるよ

うにしたものであり，命題論理よりも表現能力が高い．AIでのさまざまな知識表現の基礎となるものである．

1．論理式

表3.8に，述語論理の論理式と推論の例を示す．以降の説明では，この例を適宜参照する．この例文では「みんな」，「すべての…」，「…が存在する」という表現が使われている．xが性質pをもつことを$p(x)$で表し，すべてのxが性質pをもつことを$\forall x p(x)$で表している．あるxが性質pをもつこと，すなわち，性質pをもつxが存在することを$\exists x p(x)$で表している．記号$\forall$は，Any（任意の）またはAll（すべての）のAを逆さまにしたものであり，記号$\exists$は，

表3.8 述語論理における論理式と推論の例

（例1：述語論理の論理式と推論）
 (1a) 東京に住んでいる人はみんな日本に住んでいる． (1a′) $\forall x\ [live(x, tokyo) \rightarrow live(x, japan)]$
 (1b) Aさんは東京に住んでいる． (1b′) $live(a, tokyo)$
 ゆえに，
 (1c) Aさんは日本に住んでいる． (1c′) $live(a, japan)$

（例2：述語論理の論理式と推論）
 (2a) 人間はみんないつか死ぬ． (2a′) $\forall x [man(x) \rightarrow mortal(x)]$
 (2b) 神様は死なない． (2b′) $\neg mortal(god)$
 ゆえに，
 (2c) 神様は人間ではない． (2c′) $\neg man(god)$

（例3：述語論理の論理式）
 (3) お父さんどうしが兄弟である人みんなは，いとこになります．
 (3′) $\forall x \forall y\ [brother(father(x), father(y)) \rightarrow cousin(x, y)]$

（例4：述語論理の論理式）
 (4) すべての数x, yに対して，$x>0$かつ$y>0$ならば$x+y>0$である．
 (4′) $\forall x \forall y\ [greater(x, 0) \land greater(y, 0) \rightarrow greater(plus(x, y), 0)]$

（例5：述語論理の論理式）
 (5) すべての数xに対して，$y>x$であるような数yが存在する．
 (5′) $\forall x \exists y\ [greater(y, x)]$

Exist（存在する）のEを反転させたものである．∀と∃を，合わせて**限量記号**（quantifier，または限定記号，量化記号）という．限量記号は数学の教科書でも使うことがあるが，意味は本書の場合と全く同じである．

議論の対象となる個体からなる空でない集合を**対象領域**（domain）という．述語論理の論理式は，次の要素から構成される．

(1) **定数記号**：特定の個体を表す記号．本章では，$a, b, c, \cdots$ などで参照する．
(2) **変数**：任意の個体を表す記号．本章では，$x, y, z, \cdots$，$x_1, x_2, \cdots$ などで参照する．
(3) **関数記号**：個体間の関係を表す記号．本章では，$f, g, h, \cdots$ などで参照する．
(4) **述語記号**：個体に関する言明を表す記号．本章では，$p, q, r, \cdots$ などで参照する．
(5) **論理記号**：論理式と論理式を結合する記号．命題論理の場合と同じ記号 ¬，∧，∨，→，↔を用いる．
(6) **限量記号**：先に説明したように，対象領域内の対象となる個体の範囲を示す記号．記号∀を**全称記号**といい，記号∃を**存在記号**という．

項（term）とは，対象領域の要素を表現するためのものであり，以下のように帰納的に定義される．

> ■**定義 3.6（項）**
> 1. 定数記号，および変数は項である．
> 2. $t_1, t_2, \cdots, t_n$ が項であり，f が n 変数の関数記号であれば，$f(t_1, t_2, \cdots, t_n)$ も項である．
> 3. 以上の 1，2 で定義できるものだけが項である．

$t_1, t_2, \cdots, t_n$ が項であり，p が n 変数の述語記号であるとき，$p(t_1, t_2, \cdots, t_n)$ を**素論理式**（atomic formula，アトム，原子論理式）という．述語論理の**論理式**（述語論理式）は次のように帰納的に定義される．

述語論理式（formula of predicate logic）

■定義 3.7（述語論理の論理式）
1. 素論理式は論理式である.
2. P と Q が論理式ならば, $\neg P$, $P \wedge Q$, $P \vee Q$, $P \rightarrow Q$, $P \leftrightarrow Q$ も論理式である.
3. P が論理式で, x が変数であるとき, $\forall x P$, および $\exists x P$ も論理式である.
4. 以上の 1, 2, 3, で定義できるものだけが論理式である.

【例 3.10】表 3.8 の例では, 定数記号 $tokyo$, god などは項である. 変数 x, y も項である. $father(x)$, $plus(x, y)$ も項である. $live(x, tokyo)$, $man(x)$, $brother(father(x), father(y))$, $greater(y, 0)$ などは素論理式である.

述語論理は命題論理の拡張なので, 論理記号の意味や優先順位は, 命題論理の場合と同じである.

束縛変数（bound variable）とは, 限量記号で限定された変数のことである. **作用範囲**（scope）とは, 限量記号の影響が及ぶ部分論理式のことである. Q_1, Q_2 を限量記号（∀ または ∃）とする. 作用範囲を括弧 [,] を用いて表すことにする. すなわち, $Q_1 x[\cdots]$ という形の論理式の, 限量記号 $Q_1 x$ の作用範囲は $[\cdots]$ である. $Q_1 x[\cdots Q_2 x[\sim] \cdots]$ は, $Q_1 x_1 [\cdots Q_2 x_2 [\sim] \cdots]$ ということであり, 限量記号 $Q_2 x_2$ の作用範囲は $[\sim]$ であり, $Q_1 x_1$ の作用範囲は $[\cdots Q_2 x_2 [\sim] \cdots]$ である. ある変数 x が, 複数の限量記号の作用範囲に含まれるときには, 一番内側にある作用範囲を定めている限量記号に束縛されていると考える.

自由変数（free variable）とは, 束縛変数でない変数のことである. **閉論理式**（closed formula）とは, 自由変数を含まない論理式のことである. 以後, 特に断らなければ, 論理式とは閉論理式のことを指すものとする.

> **【例 3.11】**
> (1) 論理式 $\forall x \forall y [p(x,a) \rightarrow q(x,y)]$ では，変数 x, y のすべての出現は束縛されており，自由変数はない．この論理式は閉論理式である．
> (2) 論理式 $\forall x \forall y [(p(x,f(w)) \lor q(y,z)) \land \exists x \forall z [r(x,y,z)]]$ では，$p(x,f(w))$ の w と $q(y,z)$ の z は自由変数なので，この論理式は閉論理式ではない．$r(x,y,z)$ の x は，$\exists x \forall z [r(x,y,z)]$ の限量記号 $\exists x$ に束縛されている．

> **【例 3.12】** 限量記号の並ぶ順序には意味がある．特に，全称記号と存在記号が並ぶ場合には注意が必要である．
> $\forall x \exists y p(x,y)$ と $\exists y \forall x p(x,y)$ の意味は異なる．前者は，「すべての x について，それに対応する y が存在して，$p(x,y)$ である」ことを表す．後者は，「ある y が存在して，その y に対しては，すべての x について $p(x,y)$ である」ことを表す．
> 全称記号どうし，存在記号どうしが隣りあっている場合は，その順序には意味はない．$\forall x \forall y p(x,y)$ と $\forall y \forall x p(x,y)$ の意味は同じであり，$\exists x \exists y p(x,y)$ と $\exists y \exists x p(x,y)$ の意味は同じである．

2. 論理式の意味

> 後に例で見るように，論理式に対して全く異なる解釈を与えることができる．

述語論理式の意味は，次のようにして決定することができる．次の (1)〜(4) の組を一つ定めることが一つの**解釈**を与えることである．

(1) 対象領域 D を定める．
(2) 論理式に含まれている定数記号に D の要素を対応づける．
(3) 論理式に含まれている n 変数関数記号 f に，D 上の n 変数関数 $f: D^n \rightarrow D$ を対応づける．
(4) 論理式に含まれている n 変数述語記号 p に，D 上の n 項関係 $p: D^n \rightarrow \{\boldsymbol{T}, \boldsymbol{F}\}$ を対応づける．

解釈が与えられれば，次の (5)〜(7) の手順に従って，述語論理

式が真であるか偽であるかを決定することができる.

(5) (1)〜(4) で与えられた解釈に基づいて,素論理式 $p(t_1, \cdots, t_n)$ の真偽を決める.

(6) 論理記号（¬, ∧, ∨, →, ↔）で結合された論理式の真偽は,命題論理の場合と同様に,論理記号の意味に基づいて決める.

(7) 限量記号（∀, ∃）を含む論理式の真偽は次のように定義する.

D のすべての要素 x に対して $p(x)$ が真であるときのみ,$\forall x p(x)$ が真であるとする.

D の少なくとも一つの要素 x に対して $p(x)$ が真であるときのみ,$\exists x p(x)$ が真であるとする.

すなわち,$D=\{a_1, a_2, \cdots\}$ と表されるときには,$\forall x p(x)$ は $p(a_1) \wedge p(a_2) \wedge \cdots$ と同値であり,$\exists x p(x)$ は $p(a_1) \vee p(a_2) \vee \cdots$ と同値である.

【例 3.13】論理式 $\forall x [p(x) \rightarrow q(f(x), a)]$ (a：定数記号) について,解釈を二つ考えてそれぞれの解釈のもとで,この論理式の真偽を決める.

[解釈 1]

(1) $D=\{h, c, d, g\}$ とし,h, c, d, g はそれぞれ,プロ野球チームのホークス,カープ,ドラゴンズ,ジャイアンツを表すとする.

(2) $a=g$.

(3) $f : f(h)=d$, $f(c)=g$, $f(d)=h$, $f(g)=c$.

(4) $p(x)$：「x は 2004 年度レギュラーシーズンでの第 1 位チームである」.すなわち,$x \in \{h, d\}$ のときのみ $p(x)$ は真である.

$q(x, y)$：「x の本拠地は y の本拠地よりも西にある」.すなわち,$(x, y) \in \{(h, c), (h, d), (h, g), (c, d), (c, g), (d, g)\}$ のときのみ,$q(x, y)$ は真である.

この解釈のもとでは,以下のようになる.

$x=h$ のとき,$p(h) \rightarrow q(f(h), g) = p(h) \rightarrow q(d, g)$

$$= T \to T = T$$

$x = c$ のとき，$p(c) \to q(f(c), g) = p(c) \to q(g, g)$
$$= F \to F = T$$

$x = d$ のとき，$p(d) \to q(f(d), g) = p(d) \to q(h, g)$
$$= T \to T = T$$

$x = g$ のとき，$p(g) \to q(f(g), g) = p(g) \to q(c, g)$
$$= F \to T = T$$

対象領域のすべての要素 x に対して，$p(x) \to q(f(x), a) = T$ であるので，$\forall x[p(x) \to q(f(x), a)] = T$ である.

[解釈 2]
(1) $D = \{0, 1, 2, \cdots\}$（非負整数全体の集合）.
(2) $a = 5$.
(3) $f : f(x) = x + 1$.
(4) $p(x)$：「x は素数である」.
 $q(x, y)$：「$x > y$ である」.

この解釈のもとでは，以下のようになる．$x = 3$ のとき，
$p(3) \to q(f(3), 5) = p(3) \to q(4, 5) = T \to F = F$

対象領域の少なくとも一つの要素 $x = 3$ に対して，$p(x) \to q(f(x), a) = F$ であるので，$\forall x[p(x) \to q(f(x), a)] = F$ である.

例 3.13 からもわかるように，一般に論理式は解釈によって，真になったり偽になったりする．論理式を真にする解釈を，その論理式の**モデル**（model）という．例 3.13 では，解釈 1 は与えられた論理式のモデルであるが，解釈 2 はモデルではない．

命題論理の場合と全く同様に，恒真式，恒偽式，妥当，充足不能，充足可能という概念を定める．

述語論理では，対象領域として無限集合も扱うことができる点が命題論理との大きな違いとなる．$\forall x p(x)$，$\exists x p(x)$ の真偽を決めるためには，対象領域 D のすべての要素 x について $p(x)$ の真偽を調べる必要があるが，D が無限集合である場合には一般には不可能である．述語論理では，任意の論理式について，それが恒真式であ

るかどうかを決定することのできる一般的なアルゴリズムは存在しない．なお，与えられた論理式が恒真式であれば，このことを示す手続きは存在する．この手続きは，恒真式に対しては有限ステップで停止するが，そうでないものに対しては停止するとは限らない．

命題論理の場合と同様に，述語論理の公理系に推論規則を適用して定理を導くという演繹体系を考えることができる．そのような体系に関して，命題論理と同様に，完全性や無矛盾性を証明することができる．

▌3．論理式の標準形

述語論理の論理式についても命題論理の場合と同様に，標準的な表現形式を定めることができる．そのために，限量記号に関して述語論理式の変換に役立つ同値な関係（表 3.9 を参照）を用いる．

表 3.9　限量記号に関して論理式の変換によく使われる同値な関係

(1) 束縛変数の名前は変更してもよい．
　(1a) $\forall x\, P(x) = \forall y\, P(y)$
　(1b) $\exists x\, P(x) = \exists y\, P(y)$
(2) 否定記号を素論理式の直前へ移動させる．
　(2a) $\neg \forall x\, P(x) = \exists x[\neg P(x)]$
　(2b) $\neg \exists x\, P(x) = \forall x[\neg P(x)]$
(3) 論理式 Q が変数 x を自由変数として含まないときには，以下が成立する．
　(3a) $\forall x[P(x) \wedge Q] = \forall x\, P(x) \wedge Q$
　(3b) $\forall x[P(x) \vee Q] = \forall x\, P(x) \vee Q$
　(3c) $\exists x[P(x) \wedge Q] = \exists x\, P(x) \wedge Q$
　(3d) $\exists x[P(x) \vee Q] = \exists x\, P(x) \vee Q$
(4) 限量記号と論理記号の関係について，以下が成立する．
　(4a) $\forall x[P(x) \wedge Q(x)] = \forall x\, P(x) \wedge \forall x\, Q(x)$
　(4b) $\exists x[P(x) \vee Q(x)] = \exists x\, P(x) \vee \exists x\, Q(x)$

■定義 3.8（述語論理の節形式）
1. 素論理式，または素論理式の否定をリテラルという．
2. 有限個のリテラル $l_1,\ l_2,\ \cdots,\ l_m$ を選言で結合した

> 論理式 $l_1 \vee l_2 \vee \cdots \vee l_m$ を **節** という.
> 3. $C_i (1 \leq i \leq n)$ を節とし,x_1, x_2, $\cdots$, x_k を $C_1 \wedge C_2 \wedge \cdots \wedge C_n$ に含まれている変数のすべてとする. $Q_j (1 \leq j \leq k)$ を限量記号($\forall$ または $\exists$)とする.このとき,$Q_1 x_1 Q_2 x_2 \cdots Q_k x_k [C_1 \wedge C_2 \wedge \cdots \wedge C_n]$ の形式の閉論理式を **節形式** という.$Q_1 x_1 Q_2 x_2 \cdots Q_k x_k$ の部分を頭部(prefix)といい,$[C_1 \wedge C_2 \wedge \cdots \wedge C_n]$ の部分を母式(matrix)という.

任意の論理式は,次のような手順で,同値な節形式に変換することができる.
1. 同値記号 $\leftrightarrow$,含意記号 $\rightarrow$ を除去する.
   $P \leftrightarrow Q = (P \rightarrow Q) \wedge (Q \rightarrow P)$,$P \rightarrow Q = \neg P \vee Q$
2. 否定記号を素論理式の直前へ移動させる.
   $\neg(\neg P) = P$,$\neg(P \wedge Q) = \neg P \vee \neg Q$,$\neg(P \vee Q) = \neg P \wedge \neg Q$,
   $\neg \forall x P(x) = \exists x[\neg P(x)]$,$\neg \exists x P(x) = \forall x[\neg P(x)]$.
3. 束縛変数を標準化する.
   $\forall x P(x) = \forall y P(y)$,$\exists x P(x) = \exists y P(y)$.各限量記号について,その束縛変数の名前が他の限量記号のものと重複しないように,名前の付替えを行う.論理式の左側から順に,束縛変数を新しい名前の変数に置き換えていけばよい.
4. 限量記号を前に移す.3.により Q に x は出現しないことに注意する.
   $\forall x P(x) \wedge Q = \forall x[P(x) \wedge Q]$,$\forall x P(x) \vee Q = \forall x[P(x) \vee Q]$,
   $\exists x P(x) \wedge Q = \exists x[P(x) \wedge Q]$,$\exists x P(x) \vee Q = \exists x[P(x) \vee Q]$.
5. 母式を連言標準形に変換する.命題論理の場合と同様にして,論理記号に関する同値な関係を利用して変形する.

> 【例 3.14】 次のように同値な節形式へ変換することができる.
> $\exists x \forall y [\exists z [p(x,z) \vee \neg p(y,z)] \rightarrow \exists u q(x,y,u)]$
> $= \exists x \forall y \forall z \exists u [(\neg p(x,z) \vee q(x,y,u))$
> $\quad \wedge (p(y,z) \vee q(x,y,u))]$

3.3 融合原理

　ある論理式が定理（恒真式）であることを確かめるには，公理と推論規則を使って定理に至る証明を見つけなければならないが，これは容易ではない．定理の候補である論理式を与えておいて定理であることを機械的に確かめること，つまり，定理証明の自動化は，AIにおいてよく研究されてきた分野である．

　定理証明手法を使うと，次のようにして，ある論理式が論理的帰結であることを示すことができる．

　論理式 Q が論理式 $P_1, \cdots, P_n$ からの論理的帰結であることが示したいことであるとする．

　以下の関係が成り立つことを再確認しよう．$A{\Leftrightarrow}B$ は，言明 A と言明 B が同値であることを表すものとする．

　　論理式 Q が論理式 $P_1, \cdots, P_n$ からの論理的帰結である
　　$\Leftrightarrow (P_1 \wedge ... \wedge P_n) \rightarrow Q$ が妥当（恒真）である（定理3.1より）
　　$\Leftrightarrow \neg((P_1 \wedge \cdots \wedge P_n) \rightarrow Q) = P_1 \wedge \cdots \wedge P_n \wedge \neg Q$ が充足不能

　これより，論理式 Q が論理式 $P_1, \cdots, P_n$ からの論理的帰結であることを示すためには，$P_1 \wedge \cdots \wedge P_n \wedge \neg Q$ が充足不能であることを示せばよい．この方法は，一般的に**反駁**と呼ばれる証明法であり，仮定 $P_1, \cdots, P_n$ のもとで示したい結論 Q の否定を仮定すると矛盾が導けることを示すことにより，結論 Q を示すという背理法に対応するものである．

　本節では，**融合原理**（resolution principle，または**導出原理**）について説明する．これは第4章で説明するPrologというプログラミング言語の原理としても使われている．

1．命題論理の融合原理

　まず，命題論理の融合原理について述べる．有限個のリテラルの選言である節をリテラルの集合と同一視する．

　例えば，$q \vee r \vee s = \{q, r, s\}$ とみなす．また，論理式 $\neg\neg P$ と P を同一視する．

■**定義 3.9（命題論理の融合原理）** 節 C_1 はリテラル l を含み，節 C_2 はリテラル $\neg l$ を含むものとする．このとき，節 C_1, C_2 から節 $C = (C_1 - \{l\}) \cup (C_2 - \{\neg l\})$ を導く操作を**融合原理**という．また，C を C_1 と C_2 の**融合節**（resolvent）といい，l を**融合に使われるリテラル**（literal resolved upon）という．

【**例 3.15**】 $C_1 = p \lor q \lor r = \{p, q, r\}$, $C_2 = \neg p \lor s = \{\neg p, s\}$ とする．融合に使われるリテラルを $l = p$ とすると，C_1 と C_2 の融合節は $C = (\{p, q, r\} - \{p\}) \cup (\{\neg p, s\} - \{\neg p\}) = \{q, r, s\} = q \lor r \lor s$ である．

上の例で，$C_1 = p \lor q \lor r = \neg\neg(q \lor r) \lor p = \neg(q \lor r) \to p$, $C_2 = \neg p \lor s = p \to s$ と表せる．C_1 と C_2 に三段論法を適用すると，$\neg(q \lor r) \to s = q \lor r \lor s$ を得る．これは，C_1 と C_2 の融合節 C にほかならない．この例からもわかるように，融合原理は三段論法の一種であることがわかるので，融合原理は健全な推論である．

0 個のリテラルからなる節を**空節**（empty clause）といい，空集合と同一視する．空節を□で表す．空節を充足する解釈は存在しないと考える．したがって，空節□は，充足不能である．

C_1, C_2, $\cdots$, C_n を節とする．節形式 $C_1 \land C_2 \land \cdots \land C_n$ を節の集合 $\{C_1, C_2, \cdots, C_n\}$ と同一視する．例えば，$(\neg p \lor \neg q \lor r) \land (\neg p \lor \neg q \lor s) = \{\neg p \lor \neg q \lor r, \neg p \lor \neg q \lor s\}$ とみなす．

■**定義 3.10（融合演繹，反駁）**
S を節の集合，C を節とする．このとき，次のような節の列 C_1, C_2, $\cdots$, C_n を S から C への**融合演繹**（resolution deduction）という．
 1. $C_n = C$.
 2. 任意の $i (1 \leq i \leq n)$ に対して，C_i は S の要素であるか，ある $j (1 \leq j < i)$ と $k (1 \leq k < i)$ に対して C_i が C_j と C_k の融合節である．

特に，S から空節□への融合演繹のことを S の**反駁**（refutation）という．

[定理 3.5] 節の集合 S が充足不能であることと，S の反駁が存在することは同値である．

【例 3.16】 $F_1 = p \to (\neg q \vee (r \wedge s))$, $F_2 = p$, $F_3 = \neg s$, $F_4 = \neg q$ とする．F_4 が F_1, F_2, F_3 の論理的帰結であることを示す．そのためには，定理 3.1 より論理式 $(F_1 \wedge F_2 \wedge F_3) \to F_4$ が妥当であることを示せばよい．つまり，この論理式の否定である $F = F_1 \wedge F_2 \wedge F_3 \wedge \neg F_4$ が充足不能であることを示せばよい．F の節形式は $F = (\neg p \vee \neg q \vee r) \wedge (\neg p \vee \neg q \vee s) \wedge p \wedge \neg s \wedge q = \{\neg p \vee \neg q \vee r, \neg p \vee \neg q \vee s, p, \neg s, q\}$ である．

以下のように，F の反駁を構成できる．
(1) $C_1 = \neg p \vee \neg q \vee s$ は F の要素である．
(2) $C_2 = p$ は F の要素である．
(3) $C_3 = \neg q \vee s$ は C_1 と C_2 の融合節である．
(4) $C_4 = q$ は F の要素である．
(5) $C_5 = s$ は C_3 と C_4 の融合節である．
(6) $C_6 = \neg s$ は F の要素である．
(7) $C_7 = \square$ は C_5 と C_6 の融合節である．

よって，節の列 C_1, C_2, C_3, C_4, C_5, C_6, C_7 は，節の集合 F から空節 $\square$ の融合演繹，すなわち，F の反駁である．F の反駁が存在するので，F は充足不能である．
よって，F_4 が F_1, F_2, F_3 の論理的帰結であることが示された．

節の集合 F の反駁は，二分木で表すとわかりやすい．木の葉にある節は F の要素である．葉でない頂点にある節は，その上にある二つの節の融合節である．このようにして，節の集合 F の要素から始めて，融合節を求める操作を繰り返して，空節を導くことができれば，操作を終了する．このとき，F の反駁が得られる．図 3.7 は，例 3.16 の F の反駁を表す木である．

> どの節を組み合わせて融合節をつくるかは重要である．できるだけ早く空節を導くための方法が開発されている．

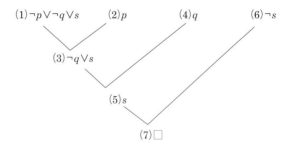

図 3.7 節の集合 F の反駁を表す木

▍2. 述語論理の融合原理

　述語論理の融合原理について説明する．命題論理における融合原理の基本は，二つの節に l と $\neg l$ と表されるリテラル（**相補リテラル**という）を見つけることである．融合原理は命題論理の場合には容易であった．しかし，述語論理の場合には節に変数が含まれているため，操作が複雑になる．

　例えば，節の集合 $S = \{p(x) \vee q(x), \neg p(f(y)) \vee r(y)\}$ は，このままでは相補リテラルを含まない．そこで，変数を項で置き換える，**代入**（substitution）という操作が必要になる．$l_1 = p(x)$, $l_2 = \neg p(f(y))$ とする．変数 x に項 $f(a)$ を代入し，変数 y に項 a を代入する操作 σ を S の各節に適用すると，$S' = \{p(f(a)) \vee q(f(a)), \neg p(f(a)) \vee r(a)\}$ が得られて，相補リテラル $p(f(a))$ と $\neg p(f(a))$ が見つかる．この代入 σ は，l_1 と $\neg l_2$ を同じ素論理式に変換するので，l_1 と $\neg l_2$ の**単一化代入**（unifier）という．また，変数 x に項 $f(y)$ を代入する操作 θ を S の各節に適用すると，$S'' = \{p(f(y)) \vee q(f(y)), \neg p(f(y)) \vee r(y)\}$ が得られて，相補リテラル $p(f(y))$ と $\neg p(f(y))$ が見つかる．この代入 θ も l_1 と $\neg l_2$ の単一化代入である．

　S'' は変数を含む節の集合であるが，これでも融合は可能であり，これ以後融合を続けていく過程で y に代入される具体的な項が定められる可能性もあるので，この段階では変数のまま残しておくほうがよい．このような意味で，相補リテラル l_1 と $\neg l_2$ の単一化代入は最も一般的であるものがよい．このような代入を**最汎単一化代入**（most general unifier : mgu）という．最汎単一化代入の計算は述語論理における融合原理の重要な操作である．

$v_1, \cdots, v_n$ を n 個の異なる変数とし，$t_1, \cdots, t_n$ を n 個の項とし，各 $i(1 \leq i \leq n)$ に対して t_i と v_i が異なるとする．正確には，**代入** $\theta = \{v_1 := t_1, \cdots, v_n := t_n\}$ とは，項または論理式 E 中に現れるすべての変数 $v_1, \cdots, v_n$ をそれぞれ $t_1, \cdots, t_n$ で同時に 1 回だけ置き換える操作である．置き換えた後の項または論理式を $E\theta$ で表す．項または論理式の集合 $\{E_1, \cdots, E_n\}$ に対して，$\{E_1\theta, \cdots, E_n\theta\}$ を $\{E_1, \cdots, E_n\}\theta$ で表す．**空代入** ε とは，置換え操作を何も行わないような代入である．変数を項で置き換える操作をすることなく，二つの節の相補リテラルが見つかる場合は，空代入 ε を最汎単一化代入として融合を行うと考える．

【例 3.17】
(1) $\theta = \{x := a, y := f(b), z := c\}$，$E = p(x, y, z, f(x))$ とする．$E\theta = p(a, f(b), c, f(a))$ となる．
(2) $\theta = \{x := f(a, b), y := b, z := x\}$，$E = p(x, y, z) \vee q(x)$ とする．$E\theta = p(f(a, b), b, x) \vee q(f(a, b))$ となる．
(3) $\theta = \{x := f(a), y := a\}$，$S = \{p(x), p(f(y))\}$ とする．$S\theta = \{p(f(a)), p(f(a))\} = \{p(f(a))\}$ となる．

$C_i (1 \leq i \leq n)$ を節とし，論理式 P が，$P = \forall x_1 \forall x_2 \cdots \forall x_k [C_1 \wedge C_2 \wedge \cdots \wedge C_n]$ という形の節形式であるとする．P の頭部には全称記号 $\forall$ しかなく，母式に現れるすべての変数は全称記号 $\forall$ で束縛されているので，全称記号を省いて略記することができる．さらに，母式 $C_1 \wedge C_2 \wedge \cdots \wedge C_n$ は，集合 $\{C_1, C_2, \cdots, C_n\}$ で表現する．こうして得られる $S = \{C_1, C_2, \cdots, C_n\}$ を，論理式 P を表現する節の集合ということにする．以後は，論理式 P とこれを表現する節の集合 S を同一視することにする．例として，論理式 $P = \forall x \forall y [(\neg p(a, y) \vee q(a, x, f(x, y))) \wedge (p(x, y) \vee q(a, x, f(x, y)))]$ を考える．P を表現する節の集合は，$S = \{\neg p(a, y) \vee q(a, x, f(x, y)), p(x, y) \vee q(a, x, f(x, y))\}$ となる．

■**定義 3.11**（述語論理の融合原理）C_1 と C_2 は，変数を共有しない節として，l_1 と l_2 は，それぞれ C_1 と C_2 のリテラルであり，l_1 と $\neg l_2$ は最汎単一化代入 σ をもつとする．

このとき，節 $(C_1\sigma-\{l_1\sigma\})\cup(C_2\sigma-\{l_2\sigma\})$ を C_1 と C_2 の融合節といい，l_1 と l_2 を融合に使われるリテラルという．このように融合節を導く操作を述語論理の融合原理という．

【例 3.18】$C_1=p(x)\vee q(x)$，$C_2=\neg p(a)\vee q(y)$ とする．$l_1=p(x)$，$l_2=\neg p(a)$ とすると，$l_1=p(x)$ と $\neg l_2=p(a)$ は最汎単一化代入 $\sigma=\{x:=a\}$ をもつ．$(C_1\sigma-\{l_1\sigma\})\cup(C_2\sigma-\{l_2\sigma\})=(\{p(a),q(a)\}-\{p(a)\})\cup(\{\neg p(a),q(y)\}-\{\neg p(a)\})=\{q(a),q(y)\}=q(a)\vee q(y)$ となる．よって，$q(a)\vee q(y)$ は，C_1 と C_2 の融合節である．$p(x)$ と $\neg p(a)$ が融合に使われるリテラルである．

述語論理の場合にも，融合演繹，反駁という概念を，命題論理の場合と同様に定義する．

[定理 3.6] 述語論理において，節の集合 S が充足不能であることと，S の反駁が存在することは同値である．

【例 3.19】論理式 $P=\forall x_1\forall x_2\forall x_3\forall x_4\forall x_5[(\neg p(x_1,x_2)\vee\neg q(x_2)\vee r(f(x_1)))\wedge(\neg p(x_3,x_4)\vee\neg q(x_4)\vee s(x_3,f(x_3)))\wedge\neg r(x_5)\wedge p(a,b)\wedge q(b)]$ を考える．P を表す節の集合 S は以下のようになる．$S=\{\neg p(x_1,x_2)\vee\neg q(x_2)\vee r(f(x_1)),\ \neg p(x_3,x_4)\vee\neg q(x_4)\vee s(x_3,f(x_3)),\ \neg r(x_5),\ p(a,b),q(b)\}$．

以下のように S の反駁を構成できる．

(1) $C_1=\neg p(x_1,x_2)\vee\neg q(x_2)\vee r(f(x_1))$ は S の要素である．
(2) $C_2=\neg r(x_5)$ は S の要素である．
(3) C_1 のリテラル $r(f(x_1))$，C_2 のリテラル $\neg r(x_5)$ を融合に使われるリテラル l_1，l_2 とすると，l_1 と $\neg l_2$ は，最汎単一化代入 $\{x_5:=f(x_1)\}$ をもつ．$C_3=\neg p(x_1,$

> $x_2) \vee \neg q(x_2)$ は C_1 と C_2 の融合節である.
> (4) $C_4 = p(a,b)$ は S の要素である.
> (5) C_3 のリテラル $\neg p(x_1, x_2)$, C_4 のリテラル $p(a,b)$ を融合に使われるリテラル l_1, l_2 とすると, l_1 と $\neg l_2$ は最汎単一化代入 $\{x_1 := a, x_2 := b\}$ をもつ. $C_5 = \neg q(b)$ は C_3 と C_4 の融合節である.
> (6) $C_6 = q(b)$ は S の要素である.
> (7) C_5 のリテラル $\neg q(b)$, C_6 のリテラル $q(b)$ を融合に使われるリテラル l_1, l_2 とすると, l_1 と $\neg l_2$ は, 最汎単一化代入 ε (空代入) をもつ. $C_7 = \square$ は, C_5 と C_6 の融合節である.
>
> よって, 節の列 C_1, C_2, C_3, C_4, C_5, C_6, C_7 は, 節の集合 S から空節 $\square$ の融合演繹, すなわち, S の反駁である. S の反駁が存在するので, P は充足不能であることが示された.

述語論理の反駁も, 命題論理の反駁と同様に, 二分木で表すとわかりやすい. 節の集合 S の反駁は, 次のような二分木で表される. 木の葉にある節は, S の要素である. 葉でない頂点にある節は, その上にある二つの節の融合節であり, これを導くのに用いた最汎単一化代入を付加すればわかりやすい. このようにして, 節の集合 S の要素から始めて, 融合節を求める操作を繰り返して, 空節を導くことができれば, 操作を終了する. このとき, S の反駁が得られる. 図 3.8 は, 例 3.19 の S の反駁を表す木である.

素論理式のことを**正リテラル**といい, 素論理式の否定のことを**負リテラル**という. 述語論理の節のうちで, それに含まれる正リテラルの数が 1 または 0 のものを**ホーン節**という. 論理プログラムの代表である Prolog (Programming in Logic) は, ホーン節を対象として, 線形融合 (linear resolution) という特別な計算戦略をもつ融合原理を, 計算原理とするプログラミング言語である.

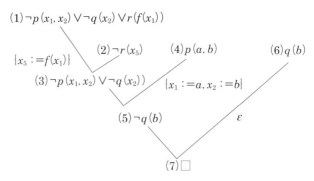

図 3.8 節の集合 S の反駁を表す木

3.4 これからの発展

　命題論理式の充足可能性（satisfiability）を判定することを **SAT 問題** と呼び，これを解くプログラムを **SAT ソルバー**（SAT solver）と呼ぶ．この実行には多大な計算処理が必要となることがわかっている（NP 完全問題）．SAT ソルバーを使って，パズルなどの問題解決やプラン生成（第 2 章），制約充足問題（第 4 章）などを解くことができる．その他にも多くの分野で活用できるため，実用化を目指した研究開発が進められている．

　SAT ソルバーによる問題解決の例として，ナンバープレースというパズルを考えよう．正方形に並べた 9 個（3×3）のブロックがあり，各ブロックはさらに 9 個（3×3）に区切られたマスになっており，全体で 81 個のマスがある．いくつかのマスには数字が初期配置されている．残りのマスに次の 4 条件をすべて満たすような数字の配置を求めるパズルである：(1) 各マスは 1〜9 の数字のいずれか，(2) 各行に同じ数字が 2 回以上現れない，(3) 各列に同じ数字が 2 回以上現れない，(4) 各ブロックに同じ数字が 2 回以上現れない．

　これを SAT ソルバーで解くためにはまず，上記のルールおよび与えられている数字の初期配置を命題論理式で表現する．x 行 y 列のマスに数字 z が配置されているときだけ，s_{xyz} が真になるとする

3.4 これからの発展

素論理式 s_{xyz} により数字の配置を表すことができる.例えば,素論理式 s_{483} が真ならば,4行8列のマスに数字3が配置される.このようにして,ナンバープレース問題を連言標準形の命題論理式で表すことができる.これを SAT ソルバーで解いて充足可能なら,この問題には解がある.そのときの各論理式の真偽値の割り当てによりコマに置くべき数字もわかる.

命題論理や述語論理は,知識表現の基礎として AI の至るところで利用されている.本章でも,以降で学ぶことの基礎には,命題論理や述語論理がある.他の章で学ぶこととの大まかな関係を図 3.9 に示す.

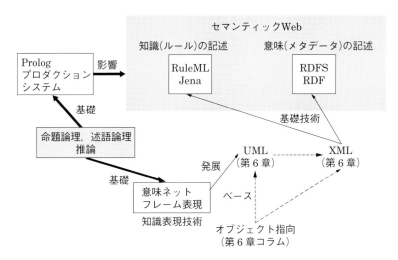

図 3.9　命題論理や述語論理と他技術との関係

演習問題

問 1　論理式 $\neg(p \to q) \to r$ と $\neg p \lor q \lor r$ が同値であることを真理値表を作成して確認せよ.

問 2　次の論理式を節形式に変換せよ.$p \to ((q \to \neg r) \land \neg(r \to \neg q))$

問 3　① モーダス・ポーネンスが健全な推論であることを確かめよ.
② $P \to Q$ と Q から P を導く推論が,健全でないことを確かめよ.

問4 対象領域を $D=\{a,b,c,d\}$ とし，$(x,y)\in\{(a,b),(b,b),(c,b),(d,b)\}$ のときに限り $p(x,y)$ が真となる解釈を考える．この解釈のもとで，次の二つの論理式の真偽値を求めよ．
　① $\forall x\exists y p(x,y)$　　② $\exists y\forall x p(x,y)$

問5 対象領域を $D=\{0,1,2,\cdots\}$（非負整数全体の集合）とし，$p(x,y)$ を $2x=y$ とする．ただし，等号（＝）は数学での通常の意味とする．この解釈のもとで，次の二つの論理式の真偽値を求めよ．
　① $\forall x\exists y p(x,y)$　　② $\exists y\forall x p(x,y)$

問6 節の集合 $S_1=\{p\vee q, \neg p\vee q, p\vee\neg q, \neg p\vee\neg q\}$ の反駁を表す木を描いてみよ．

問7 節の集合 $S_2=\{\neg p(x)\vee q(x), p(b), r(a,b), \neg q(y)\vee\neg r(a,y)\}$ の反駁を表す木を描いてみよ．

第4章 知識表現と利用の応用技術

　命題論理や述語論理は知識表現の理論的な基礎であるが，実際のAIシステムで使うためには現実的な観点からの工夫が必要となる．本章では，多くのエキスパートシステムで採用されているプロダクションシステムや，論理式をプログラミング言語とみなすPrologについて学ぶ．さらに，人間の記憶の構造に似せて知識を表現する手法である意味ネットワークやフレーム表現についても学び，曖昧な知識の表現方法として確信度，ファジー論理，そしてベイズ理論を学ぶ．対象間に制約という限定がある場合の扱いについても学ぶ．

4.1　プロダクションシステム

1. 概要と全体構成

　プロダクションシステムは，人間の記憶の構造に関する研究成果に基づき考案された手法である．AI研究の初期の時代から，多くのAIシステムで使われている．エキスパートシステムでもこの方式を採用しているものが多い．図4.1にプロダクションシステムの概念的な構造を示す．図中の各部分は次のような役割をもっている．

プロダクションシステム (production system)

長期記憶 (long-term memory)

プロダクションルール (production rule)

① **長期記憶**：プロダクションルール形式の知識を格納する．プ

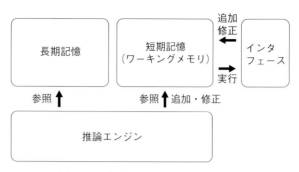

図4.1 プロダクションシステムの構成

ロダクションルールとは，

IF $L_1, L_2, \cdots, L_n$ **THEN** $R_1, R_2, \cdots, R_m$

という形式で表現される．左辺 $L_1, L_2, \cdots, L_n$ は，ルールが成立するための条件を示す（条件部）．右辺 $R_1, R_2, \cdots, R_m$ は，ルールが成立したときに実行すべき内容を示す（実行部）．

② **短期記憶（ワーキングメモリ）**：事実や推論の途中状態などが格納される．作業用領域としても使われる．

③ **推論エンジン**：長期記憶と短期記憶を使った推論の制御を行う．

プロダクションシステムでは，インタフェースを通じてユーザから与えられる問合せに対し，長期記憶とワーキングメモリの知識を使った推論が行われる．このときの推論は，前向き推論と後ろ向き推論の2種類に分けて考えることができる．おのおのの推論方法については後に説明するが，プロダクションシステムの利点と欠点を簡単にまとめると以下のようになる．

① プロダクションルールという形式が自然なものであるため，人間が読んで容易に理解できる．そのため，知識の記述や保守が容易になる．

② プロダクションルールの形式では表現が難しい知識もある．例えば，概念間の構造に関する知識や手続き（アルゴリズム）で定義されるような知識のルール化は難しい．

③ 処理速度やメモリ使用量の点で難点がある．

プロダクションシステムを開発するためには，長期記憶，ワーキ

短期記憶（short-term memory）

ワーキングメモリ（working memory）

推論エンジン（inference engine）

4.1 プロダクションシステム

ングメモリ，推論エンジンなどを実現する必要がある．これらを新規に開発することは大変な労力とコストを要する作業となる．そこで，プロダクションシステムの開発を容易にするためのツールが開発されている．また上記で指摘した効率の問題を改善するための手法も開発されている．

2. 前向き推論

前向き推論（forward reasoning）

前向き推論では，プロダクションルールを前向き（左から右）に使っている．

前向き推論では以下のステップを実行して，ワーキングメモリと長期記憶の知識から導き出すことのできる事実全体を求める．

1. ワーキングメモリ中の事実と，長期記憶中のプロダクションルールの条件部の照合を行い，条件部が成立するすべてのルールを求める．
2. 成立するルールの中から，競合解消戦略に従って，どれか一つのルールを選択する．
3. 選択されたルールの実行部をワーキングメモリに追加する．
4. 最初のステップに戻って繰り返す．

図 4.2 は前向き推論の例を示している．長期記憶には二つのプロダクションルールがあり，ワーキングメモリには X と Y という二つの事実が格納されている．最初のルールの条件部 Y はワーキングメモリに入っているので，実行部の B がワーキングメモリに追加される．この結果，2 番目のルールの条件部も成立することになり，その実行部の A もワーキングメモリに追加される．結局，最初のワーキングメモリの状態において，長期記憶のルールのもとで成立するものは A と B であることがわかる．

なお，前向き推論で導くことのできる事実が膨大な数になったり，場合によっては無限個となることもある．適当な段階で推論を

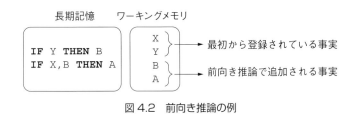

図 4.2　前向き推論の例

ストップさせる制御が必要となる.

競合解消(conflict resolution)

競合解消とは，複数のプロダクションルールの条件部が成立しているときに，どれを選択するか決めることである．最初に見つかったルールを採用する方法や，最も最近に使われたことのあるルールを採用する方法，ルールに与える優先度に基づいて決めるなどさまざまな方法が考えられる．プロダクションルールで知識を記述する場合には，競合解消の方法を意識した記述を行わなければならない場合もある．

3. 後ろ向き推論

後ろ向き推論(backward reasoning)

後ろ向き推論では，プロダクションルールを後ろ向き（右から左）に使っている．

後ろ向き推論は，ユーザが与えたゴール G が成立するかどうかを以下のステップを実行して判定する．

1. ゴール G がワーキングメモリ中の事実として存在するか確認する．存在すれば，G が成立することを出力して終了．
2. ゴール G を実行部に含むプロダクションルール
   IF $L_1, L_2, \cdots, L_n$ **THEN**$\cdots G \cdots$を探す．
3. ルールの左辺部の各要素 $L_1, \cdots, L_n$ を新たなゴールとしてワーキングメモリに書き込み，この手順と同様にして成立するかどうかを判定する．左辺部の全要素が成立すればこのルールが成立し，ゴール G の成立を出力して終了．

図4.3は後ろ向き推論の例を示している．長期記憶には先の前向き推論のときと同じ，二つのプロダクションルールがある．ユーザが与えたゴール A に対し，A を実行部に含む2番目のルールが取り出される．その条件部は X と B である．X はワーキングメモリ中の事実なので成立していることがすぐにわかる．B はワーキングメモリには存在しないので新たなゴールとなる．最初のルールが B

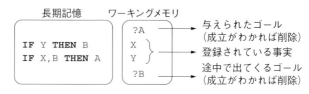

図4.3　後ろ向き推論の例

を実行部に含むが，その条件部である Y はワーキングメモリに存在しているので B の成立がいえる．最終的に，最初のゴールである A が成立することが判定される．

4.2 論理型プログラミング言語Prolog

1. ホーン節によるプログラミング

AI システムの開発には **Prolog** というプログラミング言語がよく使われている．Prolog とは PROgramming in LOGic から命名されたものであり，その名前のとおりに，論理式をほとんどそのままプログラムとみなすなど，論理的な基礎が明確な言語である．そのため，論理型プログラミング言語というタイプに分類されている．

論理型プログラミング言語（logic programming language）

Prolog のプログラムは，次の2タイプの論理式を集めたものである．なお通常は，「B ならば H」を $B \rightarrow H$ のように書くが，Prolog の場合には，矢印を逆にして結論 H を左側に書く習慣となっている．また，式の終わりが明確になるように，末尾にドット (.) を打つ．

1. $H \leftarrow B_1, B_2, \cdots, B_n.$
2. $H \leftarrow .$

最初のタイプは，$B_1, B_2, \cdots, B_n$ が成立すれば H が成立するという IF-THEN ルールを表す．ただし Prolog の場合には，結論は一つだけしか書いてはいけないし，H や B_i には否定が含まれていてはいけない．2番目のタイプは，条件の部分が空であるから，何も仮定しなくとも H が成り立つということを示す．すなわち，事実を表明した知識である（**ファクト**と呼ぶ）．

事実（fact）

第3章の最後の部分で学んだが，上記の2タイプの論理式は**ホーン節**と呼ばれるものである．ホーン節とは，節の中で正のリテラルがたかだか一つしか出現しないというものである．実際，

$H \leftarrow B_1, B_2, \cdots, B_n. \ = H \vee \neg B_1 \vee \neg B_2 \cdots \neg B_n$

$H \leftarrow . \ = H$

と同値変形できることからホーン節となっていることがわかる．

Prolog プログラムの例を図 4.4 に示す．Prolog でのプログラムの

実行とは，ユーザが与えたゴール（←G．）がプログラムから導けるかどうかの判定を行い，導けるなら YES，そうでなければ NO を出力することである．ゴールの左側の←の意味については後で説明する．ゴールが与えられたときのプログラムの実行のようすを図 4.5 に示す．ゴールはプログラムから導けるため YES となる．他方，図 4.6 はプログラムから導けずに NO が出力される場合を示している．

$$
\begin{aligned}
&p \leftarrow q, r. \\
&q \leftarrow s. \\
&s \leftarrow . \\
&r \leftarrow .
\end{aligned}
$$

図 4.4　Prolog プログラムの例

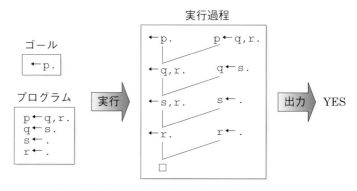

図 4.5　Prolog プログラムの実行（成功する場合）

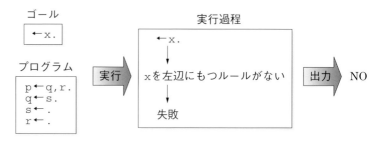

図 4.6　Prolog プログラムの実行（失敗する場合）

2. 反駁としての Prolog プログラム実行

ゴール←G. に現れる矢印の意味を説明するために，Prolog プログラム実行の論理的な意味を考える．まず，ゴールも以下のように同値変形でき，正リテラルが 0 なので，やはりホーン節の一種であることがわかる．結局，Prolog ではプログラムもゴールも，ともにホーン節である．

$$\leftarrow G. = \neg G$$

Prolog プログラムの実行とは，プログラムから G が導けることを証明するために背理法による証明を行うことである．すなわち，プログラムを P とするとき，G の否定 $\neg G$ を P に付加した $P \cup \{\neg G\}$ が矛盾となることを，融合原理により証明する．第 3 章で学んだように，$P \cup \{\neg G\}$ の反駁が存在すれば矛盾ということが証明でき，G がプログラムから導けることになる．図 4.5 が反駁になっていることをわかりやすく節形式で示したものが図 4.7 である．最後が空節□で終了しているので，確かに反駁となっている．

> 反駁（refutation）
> 第 3 章 3.3 節の融合原理で学んだ．

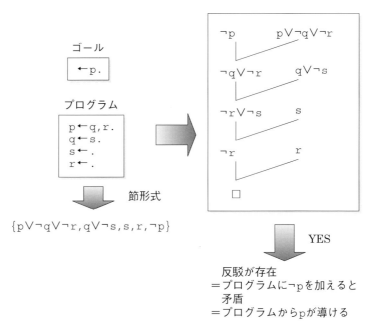

図 4.7　反駁としての Prolog プログラム実行

3. 変数の扱いとバックトラック

ISO や JIS による Prolog の標準化も進められている．

Prolog では変数を含むルールやゴールを扱うことができる．図 4.8 に変数を含む場合の例を示す．標準的な Prolog プログラムの記法に合わせて，X, Y, A, B のように大文字のアルファベットが変数を表し，a, b, c のような小文字は定数を表す．この場合，$\leftarrow p(A,B).$ という変数を含むゴールに対して，単に YES を出力するだけではなく，変数への代入 $\{A:=b, B:=c\}$ も出力される．すなわち，ゴールにこの代入を施した $p(b,c)$ がプログラムから導出できることを示している．このような代入を，**解代入**という．

解代入 (answer substitution)

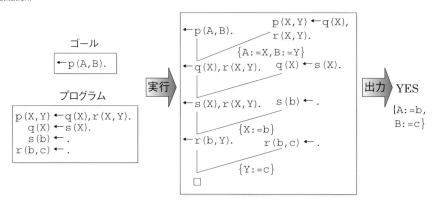

図 4.8 変数を含む Prolog プログラム実行例（1）

変数を含む少し現実的なプログラムを図 4.9 に示す．このプログラムの各行の意味を日本語で書くと次のようになる．

> X は Y の祖先である←X は Y の父である．
> X は Y の祖先である←Z は Y の父である　かつ　X は Z の祖先である．
> hiroshi は taro の父である．
> taro は ichiro の父である．

ゴール←$ancestor(hiroshi, ichiro).$ は，「hiroshi は ichiro の祖先であるか？」という質問を意味する．図 4.9 で示す実行により，YES が出力される．

Prolog プログラムの実行は反駁の構築であることを説明したが，

4.2 論理型プログラミング言語 Prolog

ゴール

```
←ancestor(hiroshi,ichiro).
```

プログラム

```
ancestor(X,Y) ← father(X,Y).
ancestor(X,Y) ← father(Z,Y), ancestor(X,Z).
father(hiroshi,taro) ← .
father(taro,ichiro) ← .
```

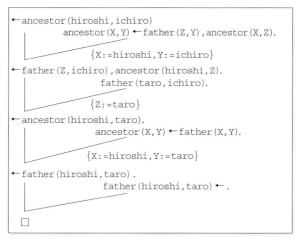

 YES

図 4.9　変数を含む Prolog プログラム実行例（2）

以下の規則に従っている．

① プログラム中で上に書いてあるルールやファクトが先に使われる．

② ←G_1, G_2, …, G_m. は，左から順に評価されていく．

後戻り（バックトラック，backtrack）

この規則に従って実行するため，**後戻り（バックトラック）**が必要となることがある．その状況を図 4.10 に示す．上に書かれている $s(a)$←. が最初に使われるが失敗となるため，破線で示した部分の処理を取り消し，改めて $s(b)$←. を使って処理を進めている．

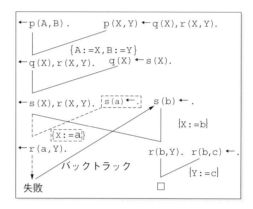

図4.10 バックトラックによる探索

Prologの処理系は，反駁が完成するようにバックトラックを自動的に行うようになっている．

例えばカット（！）がある．

Prologには実行制御のための現実的な機能も組み込まれており，探索空間を適度に絞り込んで効率的な実行もできるようになっている．

4.3 意味ネットワークとフレーム表現

意味ネットワークと**フレーム表現**のいずれも，人間の記憶や認知に関する研究結果に基づき考案された知識表現の手法であり，以下のような特徴をもっている．

① 人間の認知メカニズムをヒントとしている．
② 概念を単位として，その間の構造的な関係を記述できる．
③ 図的な表現方法であり，論理式で記述するよりもわかりやすくなることが多い．

なお，意味ネットワークとフレーム表現の何れにおいても，手続き的な知識を組み込むための細かな方法が提供されているが，本書ではその説明は省略している．

1. 意味ネットワーク

意味ネットワーク (semantic network)

意味ネットワークでは図 4.11 に示すように，概念をノードで表現し，概念間の関係をノードを結ぶリンクで表現する．リンクには，どのような関係であるかが示されている．次の関係は特に重要

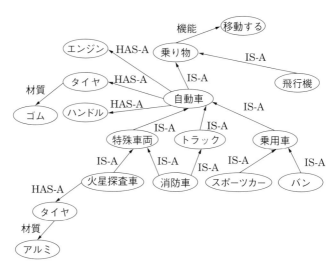

図 4.11 意味ネットワークの例

である．

① **IS-A 関係**：図中では自動車と乗用車や自動車とトラックがこの関係で結ばれている．「乗用車は自動車である（乗用車 is a 自動車）」および「トラックは自動車である（トラック is a 自動車）」という関係が成立しており，自動車が乗用車やトラックの上位概念であることが示されている．

② **HAS-A 関係**：図中で自動車はタイヤやハンドルなどとこの関係で結ばれている．「自動車はタイヤをもつ（自動車 has a タイヤ）」や「自動車はハンドルをもつ（自動車 has a ハンドル）」という関係が成立しており，タイヤやハンドルが自動車を構成する要素であることが示されている．

> 複雑な知識の表現（モデル化）については，第6章でさらに詳しく学ぶ．

IS-A や HAS-A の関係を利用することで，複雑な知識をうまく構造化して簡潔に表現できるようになる．この図の例でもわかるように，自動車にはさまざまな種類があるが，それらを構成する要素（タイヤ，ハンドル，エンジンなど）はほとんど共通であるため，上位概念である自動車で一括して定義されている．

与えられた質問に対し，意味ネットワークの構造を利用した推論により，解答することが可能となる．以下はその例である．

① （質問）**消防車のタイヤの材質は何か**：消防車にはタイヤに関する知識は記述されていないが，消防車→トラック→自動車と上位概念を辿ると，自動車にはタイヤがありその材質はゴムであることが解答できる．

② （質問）**火星探査車のタイヤの材質は何か**：火星探査車にはタイヤがあり，その材質がアルミであることが直接記述されている．したがって，消防車の場合とは異なり，上位概念を辿ることなく解答できる．

2．フレーム表現

人間が物事を認識したり記憶したりするときには，いくつかの関連する知識や情報をまとめて，一塊の単位として扱っていることがわかっている．そのような単位を**フレーム**として，知識表現に利用する方法である．先の意味ネットワークの説明で用いたのと同様な例をフレーム表現すると図4.12のようになる．自動車，乗用車，

> フレーム（frame）

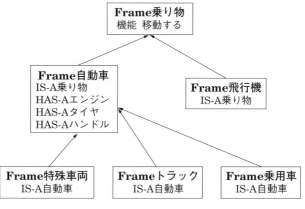

図4.12　フレーム表現の例

トラックなどがおのおのフレームとなり，それらは意味ネットワークで用いたのと同様の IS-A や HAS-A の関係で結ばれている．

フレーム表現の場合にも，意味ネットワークの場合と同様に知識の構造を利用した推論ができる．

4.4　曖昧な知識の表現と推論

1. 確信度

現実世界の知識の多くは曖昧さを伴う．「IF（熱が高い）かつ（せきが出る）THEN 風邪である」という知識を考えてみよう（図4.13）．条件部の「熱が高い」や「せきが出る」が成立するとはどういうことだろうか．42度なら高熱と断定できるかもしれないが，

図4.13　知識に含まれる曖昧さ

37.5度では高熱かどうかの判定が分かれるだろう．「熱が高い」ということには，その度合いに曖昧さがあり，高いかそうでないか（YESかNOか）の一方に決めることは難しい．「せきが出る」についても同様であり，YESかNOかのいずれかに確定することは難しく，やはり度合いという曖昧さを扱う必要がある．

知識の曖昧さはこれだけではない．「熱が高い」と「せきが出る」という条件の両方が疑いもなく成立したからといって，必ず風邪であるとは限らない．結核やその他の病気の可能性もあるだろう．このような，条件の成立が必ずしも帰結の成立とはならないという曖昧さも扱う必要がある．

曖昧さをもつ知識の扱いはAIでの重要な課題であり，さまざまな手法が開発されている．本節では，**MYCIN**という初期のエキスパートシステムで考案された確信度を使う手法を説明する．これ以外にも多数の方法が開発されているが，本書では省略する．

> MYCINについては，第1章を参考にされたい．

確信度（Certainty Factor：CF）とは，上記で述べた2種類の曖昧さを，数値として表現するためのものである．

> 確信度については，章末の演習問題（問5）でも検討する．

① **事実に対する確信度**：-1から1までの範囲の実数値により，事実が成立する度合いを示す．-1ならけっして成り立たないことを示し，1なら疑いもなく成り立つことを示す．0ならどちらともいえない状態である．

② **ルールに対する確信度**：ルールの曖昧さを0から1までの範囲の実数値で表す．0なら全く信頼できないルールであり，1なら全面的に信頼できることを示す．

確信度が事実やルールに与えられているとき，推論での結果にも確信度が計算される．計算方法は次のようである．

① ルールの条件部の確信度は，条件の中で最も低い確信度となる．

② ルールを適用した結果の確信度は，条件部の確信度とルールの確信度を乗じたものとなる．

再び例で説明する．いま，「熱が高い」の確信度が0.5であり，「せきが出る」の確信度が0.3であるとする．ルール「IF（熱が高い）かつ（せきが出る）THEN 風邪である」の確信度は0.7であるとする．このルールの条件部の確信度は，0.5と0.3の低いほうを取り0.3

となる．このルールから「風邪である」という帰結を導いたとき，その確信度は 0.3×0.7 = 0.21 となる．「風邪である」ということが完全な否定も肯定もできないが，比較的 0 に近いことから可能性は低い状況であると解釈できる．

確信度を AI システムに組み込む場合には，もう少し詳細な計算規則が必要となる．例えば，「風邪である」を導くルールが複数あるときの処理方法などである．確信度を使う方法の利点，問題点を簡潔にまとめると次のようになる．

① （利点）AI システムに比較的容易に組み込むことができる．
② （利点）計算処理が単純なため高速に処理できる．
③ （問題点）事実やルールに確信度を付値しなければならず，人間の手間が増える．そもそも，曖昧さを数値化するという作業が困難である．
④ （問題点）確信度計算の意味を説明する理論的根拠が弱い．

> 前ページの確信度計算の根拠を説明できるか考えてみてほしい．

確信度方式の問題点を解決するための方式や，全く異なった立場で知識や推論の曖昧さを扱うための方法も提案されている．例えば，曖昧さの処理を組み込んだ体系であるファジィ論理（fuzzy logic）やベイズ理論がある．これらについて次で学ぶ．

2. 古典論理から 3 値論理へ

第 3 章で学んだ命題論理や述語論理を**古典論理**という．それらは真理値が真（T）と偽（F）のいずれかを取る体系であった．真偽値が二つなので**2 値論理**ともいう．以降では，T と F の代わりに真を 1，偽を 0 で表す．

人間の日常生活での論理では，真か偽かのいずれか一方に決めることが難しい場合がある．そこで人間の感覚に近くなるように，真と偽の中間に相当する真偽値 0.5 を導入して 3 値とした体系が **3 値論理**である．真理値 0.5 は「不確定である」や「わからない」などに対応すると考えればよい．典型的な 3 値論理の真理値表を表 4.1 に示す．古典論理とは異なるので，**非古典論理**という．ただし，非古典論理には 3 値論理だけでなく他のさまざまな体系が含まれている．

真理値表 4.1 は古典論理を拡張したものになっており，1 と 0 だ

けの場合は古典論理に一致している．0.5を含む場合の扱いには議論があり，この表以外に別の真偽値の定め方も提案されている．例えば，$A \to B$はこの表ではAとBが共に0.5のときに1となっている．前提Aも帰結Bも不明なときに式全体が真となるという解釈なので，これを疑問視してこの真理値を0.5とした体系も提案されている．

第3章で学んだように，いかなる解釈のもとでも成立する論理式を**恒真式**（トートロジー）と呼んだが，非古典論理の場合も同じであり，真偽値表で必ず1になる論理式が恒真式である．命題論理では，**排中律**（$A \vee \sim A$）は恒真式であった．ところが3値論理ではAが0.5のときに式の値が0.5となり恒真式ではなくなる．一方，$A \to A$（これを**同一律**という）は下記の表に従う3値論理では恒真式となるが，上で述べたように$A \to B$の真理値を0.5とすると恒真式ではなくなってしまう．

人間の論理は真と偽の二つに割り切れるものではない，ということから非古典論理が誕生したが，その体系は割り切れないものとなってしまったようにも思える．しかし，このことがむしろ人間の論理や思考の本質を捉えているといえるのかもしれない．

古典論理とくに命題論理のモデルであるブール代数は，現在のコンピュータにおける論理設計の基礎となっている．3値論理も同様にデータベース設計の基礎となっている．

表4.1　3値論理の真理値表

A	$\sim$A	B	A→B	A∨B	A∧B
0	1	0	1	0	0
0	1	0.5	1	0.5	0
0	1	1	1	1	0
0.5	0.5	0	0.5	0.5	0
0.5	0.5	0.5	1	0.5	0.5
0.5	0.5	1	1	1	0.5
1	0	0	0	1	0
1	0	0.5	0.5	1	0.5
1	0	1	1	1	1

4.4 曖昧な知識の表現と推論

リレーショナルデータベース(RDB)ではリレーショナル代数という枠組みに従って，データを論理的に扱う．RDBで扱うことのできるデータにはNULL（ヌル）という特殊なものが含まれている．これは，データが不明な状態や未定義の状態に対応している．データがない（欠損）という状態とは異なるため，しばしば混乱を引き起こす．RDBでのデータ操作は**SQL**という言語を通じて論理的に行うが，その場合の論理は実質上の3値論理となっている．先に真理値表で見たように，3値論理の振る舞いはわかりにくい部分もあるため，NULLを含む場合のSQL記述にミスが生じるケースがある．

> リレーショナルデータベース (Relational Database) テーブル形式でデータを格納するデータベースであり広く普及している．
>
> SQL RDBのデータ操作言語．初期に開発されたシステム名から付けられた略称であるが，現在では何かの略語とはなっていない．

3. 多値論理とファジー論理

真偽値を3値としたことに必然性はない．3値論理では，真か偽かが「不定」という状況と，どちらかに定まるけれども「不明」であるという状況を区別せずに0.5で表現している．この両者の区別を明確にした4値論理も提案されている．3値以上に拡張した非古典論理を総称して**多値論理**と呼ぶ．多値論理の中でも真理値が連続的な値を取る体系がある．

論理式の真理値を与える付値関数をIとし，その値域を$[0, 1]$の実数値とする．ウカシェビッツが提案する体系では下記のように真理値が決められる．これは古典論理の自然な拡張になっている．

$$I(\sim A) = 1 - I(A)$$
$$I(A \land B) = \min(I(A), I(B))$$
$$I(A \lor B) = \max(I(A), I(B))$$
$$I(A \to B) = \min(1, 1 - I(A) + I(B))$$

> ウカシェヴィッチ (Jan Łukasiewicz) 1878-1956. ポーランドの論理学者．

多値論理を支持する立場では，真理値を増やすことで微妙な状況や曖昧な状況を表現できると主張されている．多値論理の一つである**ファジー**（Fuzzy）**論理**は真理値が$[0,1]$の連続値を取るが，人間がもつ知識の曖昧さを表現する手段として，人工知能の分野でもよく使われており，さまざまなシステム開発に利用されている．

多値論理は曖昧さを扱うことができると説明したが，曖昧さとは一通りではない．理論として曖昧さを扱う場合には，曖昧さの意味を明確にしておかねばならない．ここでは，確率的な立場とファ

ジーの立場の二つについて説明する．

　確率的な曖昧さの場合には，明確に定まる事象（集合）を対象として，その事象が成立する割合が議論される．例えば，「野球の試合はＡチームが5点差で勝つ」という命題（これをＰとする）では，この命題が定める事象（集合）には，まったく曖昧さがなく厳密に決まる（記録紛失で不明などの異常事態は考えない）．集合Wを「1年間の中でＡチームが5点差で勝った試合の集合」とすれば，この集合Wは厳密に定まり曖昧さはいっさいない．ある試合がWに含まれるかどうかはっきりしない，などということはあり得ない（繰り返すが異常なケースは考えない）．集合Wが明確に定まるという前提のもとで，全体（ユニバース）中に占めるWの割合が（頻度）確率となる．最初の命題Ｐの曖昧さとは，これが成立するかどうかが確率事象であって，確定していないという意味となる．

　一方，「今日は暑い」という命題では事情が異なる．暑いかどうかの判断は人により異なる．同じ気温や湿度であっても，暑いと感じる人もいれば，寒いと感じてしまう人もいる．この場合は命題が定める事象そのものが曖昧さをもっている．集合Hを「1年のうちで暑い日の集合」とすれば，人により判断が分かれることから，この集合を明確に定めることはできず，ある日がHに属するかどうかをはっきり決めることはできない．集合Hがはっきりしない集合という点で，先の確率の立場で見た集合Wとは異なっている．このような要素を明確に定められない集合を**ファジー集合**と呼び，ファジー論理ではこのような場合の曖昧さを扱う．一方，先の集合Wのように明確に定まる集合を**クリスプ集合**と呼んで区別することもある．

　集合の境目，すなわち要素がその集合に所属するかどうかの境界を**集合の外延**という．外延は内包的定義により定めることができる．先の集合Wを以下のように書くことが**内包的定義**であるが，よく使う親しんだ表現方法であろう．

$$W = \{x | x \text{はＡチームが5点差で勝った試合}\}$$

　ファジー集合とは外延が曖昧な集合のことであり，上記のような通常の内包的定義を与えることができない．そこでファジー集合Hの曖昧な外延を定める手段として，メンバシップ関数μ_Hが用い

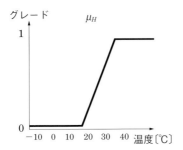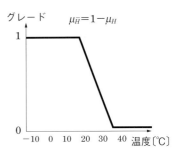

図 4.14　メンバシップ関数の例

られる．この関数により，ユニバース U の要素 $u \in U$ に対して，$\mu_H(u) : U \rightarrow [0,1]$ で定まる実数値が対応付けられる．

図 4.14 の左側は「暑い」に対応するメンバシップ関数の例を示す．これで定まる値 $\mu_H(u)$ を**グレード**といい，u が H に属する度合いを示している．値が 1 なら必ず属することを示し，0 ならば決して属することはないことを示す．中間の値は，どちらとは断言できない状況を示す．ファジー論理では，グレードの値を決めることが論理式の解釈に相当し，論理式に付値することになる．すなわち，ファジー論理の解釈はその時の気温などの状況により変化することになる．

ファジー集合の集合積，集合和および補集合に対しては，以下のように定義される．ここで $\bar{A}$ は集合 A の補集合を示す．

$\mu_{A \cap B} = \min(\mu_A, \mu_B)$

$\mu_{A \cup B} = \max(\mu_A, \mu_B)$

$\mu_{\bar{A}} = 1 - \mu_A$

ファジー集合 H の補集合 $\bar{H}$ のメンバシップ関数は $\mu_{\bar{H}} = 1 - \mu_H$ となるので，図 4.14 の右側に示す状況となる．H と補集合 $\bar{H}$ の集合積 $H \cap \bar{H}$ を与えるメンバシップ関数は $\mu_{H \cap \bar{H}}$ となり図 4.15 の左に示すようになる．このグレード値は約 20 ℃～30 ℃程度の部分でグレードが 0 ではない．すなわち，「暑い」と同時に「暑くない」に属する要素が存在する．これは「暑いともいえるし，暑くないともいえる」という状況に対応していると考えられる．同様に $H \cup \bar{H}$ のメンバシップ関数は図 4.15 の右側となり，同じく約 20 ℃～30 ℃

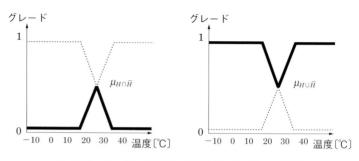

図4.15　ファジー集合積と集合和のメンバシップ関数

程度の部分でグレードが1ではなく，「暑いとも暑くないともいえない」というに状況に対応している．

この例で見たように，ファジー集合では通常のクリスプ集合とは異なり，$H \cap \bar{H} \neq \phi$ となる場合もあれば，$H \cup \bar{H} \neq U$（Uは全体）となる場合もある．人間の感覚を表現したものと考えれば納得できる．

4．ベイズ理論

ベイズ（Thomas Bayes）1702～1761．イギリス．牧師，数学者．

ベイズ理論は，ベイズという学者により基礎が築かれ，古くから知られている確率の理論である．条件付き確率の計算が基礎となっている．事象Aが起きたときに事象Bが起きる確率を条件付き確率として$P(B|A)$と書く．これは

$$P(B|A) = \frac{P(A \cap B)}{P(A)} \tag{1}$$

として求めることができる．AとBが独立ならば，Aが起きても起きなくてもBの確率に影響はないので$P(B|A) = P(B)$となる．Bが起きたときにAが起きる条件付き確率を考えると

$$P(A|B) = \frac{P(A \cap B)}{P(B)} \tag{2}$$

となる．式（1）から$P(A \cap B) = P(A) \cdot P(B|A)$となり，式（2）から$P(A \cap B) = P(B) \cdot P(A|B)$となり，これらの式の左辺が同じなので

$$P(A|B) = \frac{P(A) \cdot P(B|A)}{P(B)} \tag{3}$$

となる.式 (3) を用いることで $P(A|B)$ の値を他の値から計算できることになる.これがベイズの定理を単純化したものである.

上記の式の A を原因,B を結果として考えてみよう.$P(B|A)$ は原因 A が発生したときに結果 B が起きる確率となる.例えば,風邪という原因で発熱する確率 $P(発熱|風邪)$ や,自動車の点火プラグ故障でエンジンが始動しない確率 $P(エンジン始動せず|プラグ故障)$ などが考えられる.逆に $P(A|B)$ は,結果 B が起きているときにその原因が A である確率を意味する.原因,結果という言葉を使って式 (3) を書き直しておこう.

$$P(原因|結果) = \frac{P(原因) \cdot P(結果|原因)}{P(結果)} \tag{3}'$$

一般に,ある結果は複数の原因のいずれかにより発生する.いま,結果 B に対して,n 個の原因 $A_1, ..., A_n$ があると考える.ただし,これら n 個の原因は排反事象であり,いずれか一つのみが起きるものと考える.さらに,原因はこれら n 個ですべて尽くされているものとする.この条件のもと,結果 B が起きる確率は,各 A_i が起きたときに B が起きる確率の和として以下のように求められる.

$$P(B) = P(A_1) \cdot P(B|A_1) + \cdots + P(A_n) \cdot P(B|A_n)$$
$$= \sum_{i=1}^{n} P(A_i) \cdot P(B|A_i) \tag{4}$$

上の式 (4) を先の式 (3) に用いれば,以下の式 (5) が得られる.結果や原因という言葉で書き直したものが (5)′ となる.

$$P(A_j|B) = \frac{P(A_j) \cdot P(B|A_j)}{P(B)} = \frac{P(A_j) \cdot P(B|A_j)}{\sum_{i=1}^{n} P(A_i) \cdot P(B|A_i)} \tag{5}$$

$$P(原因_j|結果) = \frac{P(原因_j) \cdot P(結果|原因_j)}{P(結果)}$$
$$= \frac{P(原因_j) \cdot P(結果|原因_j)}{\sum_{i=1}^{n} P(原因_i) \cdot P(結果|原因_i)} \tag{5}'$$

ベイズ理論では,事前確率や事後確率という言葉を使うことも多い.何もデータが得られていないときに原因が起きる確率 $P(原因)$

を**事前確率**と呼び,結果が起きたときの原因の確率 $P(原因|結果)$ を**事後確率**と呼ぶ.知識が何もなく未知の状態での確率が事前確率であり,結果という知識が得られた後の確率が事後確率に対応する.ベイズ理論はこのような知識獲得による確率の変化を理論化したものと捉えることもできる.確率を「**信念**」とみなすと,状況変化に伴う「信念」の変化が理論化されていることになる.

例題でベイズの定理がどのように応用されるかを見てみよう.電子メールが広く普及しているが,迷惑メール(スパム)の問題が深刻化してきている.人によっては毎日多数のスパムが届くこともある.この対策としてスパムフィルタが提供されており,ベイズの定理がその実現のための技術として使われている.

いま,ある単語 X に注目して,この単語が含まれるメールがスパムとなる確率は(3)または(5)を使って,以下のように求めることができる.この値が十分高い単語 X が含まれているメールをスパムと判定することができる.

$$P(スパム|Xが含まれる)$$
$$=\frac{P(スパム)\cdot P(Xが含まれる|スパム)}{P(Xが含まれる)}$$

いま,$P(スパム)=0.15$,$P(Xが含まれる)=0.2$,$P(Xが含まれる|スパム)=0.7$ とすれば

$$P(スパム|Xが含まれる)=\frac{0.15\times 0.7}{0.2}=0.53$$

となる.受け取ったメールがスパムである確率は 0.15 であるが,そのメールに単語 X が含まれていることがわかれば,スパムであ

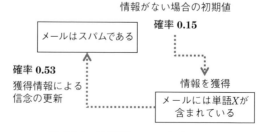

図 4.16 情報獲得による信念の更新

る確率は 0.53 まで上昇することになる．この状況を図 4.16 に示す．

　もう一つ例を考察しよう．自動車のエンジンが始動しない（以下 *engine* と記す）原因として，点火プラグ故障（*plug*）と制御コンピュータ故障（*computer*）の二つがあるものとする．これらについて，$P(plug)=0.2$，$P(computer)=0.3$，$P(engine|plug)=0.6$，$P(engine|computer)=0.3$ であるとする．先の式（5）や（5）′を用いて，エンジンが始動しないときに，各々が原因である確率を以下のように求めることができる．両者を比較すればプラグ故障が原因である確率 $P(plug|engine)$ の方が可能性が高いことになり，これをこの故障の原因と推測することが妥当といえる．このように，故障診断の論理としてベイズ理論を用いることもできる．

$$P(plug|engine)$$
$$=\frac{P(plug)\cdot P(engine|plug)}{P(engine)}$$
$$=\frac{P(plug)\cdot P(engine|plug)}{P(plug)\cdot P(engine|plug)+P(computer)\cdot P(engine|computer)}$$
$$=\frac{0.2\times 0.6}{0.2\times 0.6+0.3\times 0.3}$$
$$=0.57$$

$$P(computer|engine)$$
$$=\frac{P(computer)\cdot P(engine|computer)}{P(engine)}$$
$$=\frac{P(computer)\cdot P(engine|computer)}{P(plug)\cdot P(engine|plug)+P(computer)\cdot P(engine|computer)}$$
$$=\frac{0.3\times 0.3}{0.2\times 0.6+0.3\times 0.3}$$
$$=0.43$$

　先に確率を「信念」と呼んだが，これには違和感があるかもしれない．確率について少し考えてみよう．確率を学ぶときにはサイコロやコイン投げの例がよく使われる．その場合の確率は，事象の起

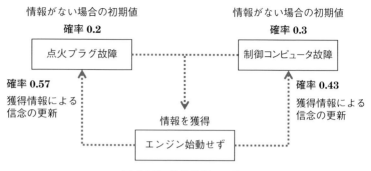

図 4.17 故障診断への適用

きた回数に基づくものであり**頻度確率**と呼ばれる．一方，日常生活で用いられている確率には頻度のような裏付けがないものもある．例えば，「彼が合格する確率は 30 ％だろう」などは，頻度に基づいて決めることができない値であり，発言者の主観で決めた値である．このような確率を**主観確率**と呼ぶ．「A チームが 5 点差で勝つ確率は 90 ％である」が主観確率であることもあるだろう．

主観確率は非科学的だと思えるかもしれないが，下記の**コルモゴロフの公理**（1.～3.）を満たすという条件で，頻度確率と同等に扱うことができる．この公理は確率が整合性をもって決められていることへの要求であり，決め方の根拠までは求めていない．主観確率も頻度確率と同様に扱えることが保証されており，人間の知識の曖昧さを扱う重要な概念である．この節の例題での確率は主観確率として考えることもできる．

確率の公理：
1. 全事象（Ω）の確率は 1 である．$P(\Omega) = 1$
2. 確率は $[0, 1]$ の実数値を取る．
   $X \subset \Omega$ に対して $0 \leq P(X) \leq 1$
3. 排反事象の確率は和で求まる．
   $A \cap B = \phi$ のとき $P(A \cup B) = P(A) + P(B)$

ベイズ理論については，機械学習のための技術としても重要視されている．

4.5 制約の表現と利用

1. 制約とは

制約 (constraint)

ある制約の中で解を求めるという問題がよくある．例えば，地図を塗り分けるという問題を考えてみよう．

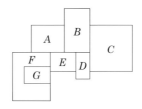

図 4.18 地図の塗分け問題

① 地図は図 4.18 のようになっている．この地図上には七つの国（A から G）がある．
② 地図中の七つの国に色を塗る．使ってよい色は3色（赤，青，黄）である．
③ 隣り合っている国には同じ色を塗ってはいけない．

この問題を解くために必要となる知識を整理すると次の3種類となる．

1. **国のつながり方に関する知識**：対象となる国々の位置関係に関する規定である．
2. **使ってよい色の知識**：解を探す範囲の条件である．
3. **隣り合っている国には違う色を塗るという制約**：解が満たすべき制約条件である．

次に，図 4.19 の足し算パズルを考えてみよう．英文字に当てはまる数字を求めるものであるが，次のような知識が必要となる．

① **この足し算に関する知識**：何と何を加えてどうなるかという問題の構造を規定する．

$$\begin{array}{r} FED \\ +\ FCB \\ \hline ABHF \end{array}$$

図 4.19 足し算のパズル

② **使ってよい数字の知識**：解を探す範囲の条件である．
③ **異なる英文字は違う数字となるという制約**：解が満たすべき制約条件である．

　地図の塗分け問題や足し算パズルの例では，解が満たすべき**制約**（constraint）が与えられ，その条件のもとで解を求めるという問題になっている．制約が満足されるようにするということから，**制約充足問題**（Constraint Satisfaction Problem：**CSP**）という．CSPは通常，図 4.20 に示すような 3 種類の構成要素（構造の知識，探索範囲，制約）をもっている．次に CSP を解く手法の概要を説明する．

図 4.20　CSP の構造

> ### *C*olumn　**4 色問題**
> 　世界地図や地球儀を見ると，国ごとに色で塗り分けられて，国境がすぐにわかるようになっている．ヨーロッパなどには，多数の小さな国が複雑に入り組んだ地域がある．そういうところでも，それほど多くの色は使われていないはずである．いったい何色あれば，国境の接する国を違う色で塗り分けることができるだろうか．実は，どんな平面地図でも 4 色あれば十分である．4 色あれば十分という予想はかなり古く（19 世紀半ば）からあったらしいのだが，実際にその証明が完成したのはようやく 1976 年になってからのことである．問題を抽象化したうえですべての可能性を洗い出し（膨大な数になる），そのすべてについて確認するという方法で証明が行われた．その確認は人間には手に負えないものであり，約 4 年間にわたりスーパーコンピュータを駆使してようやく完成した．本書で説明する AI の手法を使って，実際に地図の塗分けを行うことができる．興味ある読者は複雑な地図に挑戦してほしい．

2. 探索によるCSPの解決

第2章で，探索問題をグラフを使って定式化した．それと類似の方法がCSPの場合にも利用できる．つまり図4.21に示すように，国をグラフのノードで表し，国境を接しているということをノード間のエッジで表す．つなぐ方向を考える必要はないので，無向グラフとなる．通常の地図からは，「近くにある国」，「大きい国」，「北にある国」のような距離，大きさ，位置に関する情報を得ることができる．グラフ表現では，「国境が接しているか」以外の情報は省略されていることになるが，塗分け問題を考える場合にはそれで十分である．このグラフのノードの塗分けは，以下のようにして探索問題とみなすことができる．

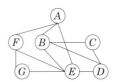

図4.21　グラフによるCSPの表現

1. 使ってよい色の集合をDとする．
2. **初期状態**：出発点として，一つのノードを選びDのどれかの色を塗る．
3. **オペレータ適用**：ノードv_iでオペレータpを適用すると，Dの色pがv_iに塗られる．
4. **制約のチェック**：ノードv_iと結ばれているすべてのv_jは，pと異なる色でなければならない．
5. すべてのノードが塗り終われば終了（ゴール）である．

初期状態やゴールの定式化が少し違っているものの，第2章での探索問題の場合と同じように，縦型探索や横型探索を使って解くことができる．図4.22に探索途中の状況を示す．バツ印のノードで先に進めなくなり，前に塗った色に戻りやり直しとなる（バックトラック）．

> バックトラック（backtrack）後戻りともいう．

足し算パズルの場合には，アルファベットを変数と見て，制約を次のような式の形で表現することができる．この式を満たし，各変数は異なる値となるような解を探索する．なおX_1, X_2は，桁上が

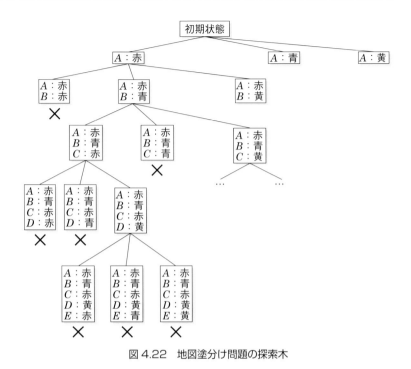

図 4.22　地図塗分け問題の探索木

りを表現するため導入した変数である．この場合には，問題の構造をグラフで表現することはやや難しいが，縦型探索による探索木は図 4.23 のようになる．足し算は下位の桁から行うので，その順序に従って変数に可能な値を当てはめて探索している．

$$\begin{cases} D+B=F+10\cdot X_1 \\ E+C+X_1=H+10\cdot X_2 \\ F+F+X_2=B+10\cdot A \end{cases}$$

3. 探索の効率化と CSP の拡張

　CSP は探索により解くことができるが，制約のチェックを探索の一部に組み込むことにより効率を向上させることができる．例えば先の地図塗分け問題では，A に p を塗った時点で，A と接している B, E, F いずれにも p を塗ってはならないことが直ちにわかる．そのようなむだな候補が探索木に現れないようにして効率を改善す

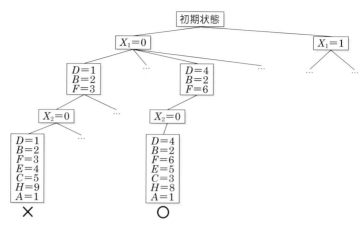

図 4.23　足し算パズルの探索

ることができる．この方法は，制約を使ってこれから先の探索候補を絞り込む方法なので，**前向きチェック**（forward checking）と呼ばれている．その他にも，制約に関する処理を高速化するためのさまざまな手法が開発されている．

> 前向きチェックは実現が比較的容易で，バックトラックよりも多くの場合に高速である．

　CSPは以下のような場合への拡張がなされており，多くの実用上の問題に対して適用されている．

① 解探索の範囲が無限になる場合．例えば，実数値の範囲での制約式が与えられるとき．

② 不等式で解が制約される場合．例えば，コストが限度以下であるという上限の制約や，サイズが限度以上であるなどの下限の制約を与えるとき．

③ 制約に優先順位がある場合．絶対に守らねばならない制約と，守ることが望ましいという制約に分けて処理したり，さらに望ましさの程度にもランクを付けて扱うとき．

　こうした拡張を加えたCSPの有力な応用分野として，LSI配置を始めとする多くの設計問題がある．また，産業上で重要な，ジョブショップスケジューリング問題に対してもCSPの適用が期待されている．

> ジョブショップスケジューリング問題とは，与えられた仕事（ジョブ）を，制約条件のもとで，最も効率的に完了できるように生産機械（ショップ）への割当てを決める問題である．

　CSPの処理を容易にするために，プログラム言語のレベルで制約の記述方法と制約処理のメカニズムを組み込むというアプローチ

がある．本章で説明したPrologをベースとして，論理的な制約や代数的な制約を扱えるようにした処理系も開発されている．

4.6　これからの発展

　本章で説明した知識表現の技術は，ソフトウェア工学などにおけるシステム記述（これも一種の知識表現である）に関する研究開発に大きな影響を及ぼしている．逆に，ソフトウェア工学などの分野からAIの知識表現技術も影響を受けている．最近の知識表現の技術は，このような分野を越えた技術の交流により生まれたものである．本書の第6章では，知識モデリングという新しい考え方を学ぶ．

　セマンティックWebに関係する知識記述の方法として，例えばRuleMLというホーン節に基づく方法が開発されている．本章で学んだPrologはこのような新たな技術へ影響を与えている．

　図4.24に本章で学んだ知識表現の発展の状況をマップとして示す．

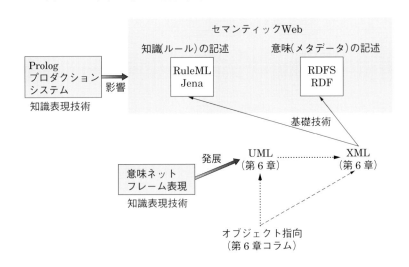

図4.24　知識表現技術の発展

演習問題

問 1 「スポーツカーは乗用車である」,「ミニバンは乗用車である」,「乗用車は自動車である」という三つの知識を考える.
 ① これらを IF–THEN ルールで表現してみよ.
 ② 意味ネットワークやフレーム表現で表してみよ.

問 2 次の Prolog プログラムは,本文中で説明した図 4.9 のプログラムの 1 行目と 2 行目の順番を入れ換えたものである.このプログラムにゴール←$ancestor(hiroshi, ichiro)$. を与えるとどのようになるか.

  $ancestor(X, Y)$ ←$father(Z, Y), ancestor(X, Z)$.
  $ancestor(X, Y)$ ←$father(X, Y)$.
 $father(hiroshi, taro)$ ←.
 $father(taro, ichiro)$ ←.

問 3 上の演習問題や図 4.9 のプログラムを改良して,母方の祖先も探索するようにせよ.

問 4 コンピュータ(パソコン)に関する知識をフレーム表現や意味ネットワークで表現してみよ.

問 5 「IF 数学が得意 THEN 物理が得意」という知識(ルール)があるとしよう.このルールの確信度が 0.8 であるとする.
 ① あなたはどのくらい「数学が得意」か.確信度を付けてみよ.本章で説明したように,−1 なら全くダメ,完璧な自信があれば 1 である.
 ② このルールを使って,あなたの「物理が得意」の確信度を計算せよ.
 ③ その結果は正解といえるか検討してみよ.
 ④ あなたの身近な知識に対して,これと同じような実験を行ってみよ.

第5章 機械学習とデータマイニング

　機械学習とは，機械（コンピュータ）に学習させて賢い能力をもつようにする技術であり，人工知能実現のための中核技術である．多くの研究開発が活発に行われている，最もホットなテーマの一つである．これまですでに，多くの開発成果が得られており，その成果がわれわれの身の回りにあるコンピュータに何らかの形で組み込まれているといってよい．

　機械学習と似た意味をもつ言葉としてデータマイニングがある．大量のデータ中に潜む知識を自動的に発見する技術のことである．第1章や第4章で学んだように，知識は人工知能システムの中核的な部分であるが，その獲得は難しくコストのかかる作業である．データマイニングは，その作業を自動化する技術と見なすことができ，機械学習の技術が応用されている分野でもある．

■5.1　丸暗記から機械学習へ

　丸暗記とは，教科書に書いてあることや先生の言ったことをそのまま丸ごと暗記することである．自分の力で考えることをしないために，応用力がない学習方法を指すこともある．

　コンピュータの場合でも丸暗記（**暗記学習**ということもある）と

暗記学習
(rote learning)

いう言葉を使うことがある．データをそのままデータベースに格納し，検索して利用するという，ごく普通のデータ蓄積と検索であり，応用力がない方法である．

表 5.1 の例で考えてみよう．この表は学生の成績データを想定したものである．

表5.1

学生番号	数学	理科	合否
1	20	35	不合格
2	30	35	不合格
3	40	45	不合格
4	50	60	不合格
5	51	40	合格
6	60	65	合格
7	70	60	合格
8	79	82	合格

学生番号を与えたとき，数学や理科の点数あるいは合否判定はデータベース検索で行える．数学の成績を与えて，その学生の理科の点数を調べることもできる．同様に，数学と理科の点数を与えて合否の判定もできる．しかし，この表に載っていない成績を問い合わせたときにはどうであろうか．

例えば，数学が 45 点の学生の理科の予想点数を問い合わせた場合や，数学と理科が各々 55 点，60 点の場合の合否を問い合わせた場合である．このようなケースに合致するデータは表に記録されていないので，単なるデータ検索に過ぎない暗記学習では回答不能となる．いくら大量にデータを集めたとしても，記録されていないケースには対応できない．ここに明確な限界がある．人間の教師であれば経験にもとづいて，「これぐらいの点数なら合格できるはずだ」などの柔軟な応答をするだろう．機械学習の技術を使うメリットもそこにある．記録にないデータにも対応できる，人間のような柔軟な能力の獲得は機械学習の目的である．

機械学習の手法は，**予測モデル**の学習と**記述モデル**の学習とに分けて考えることができる．前者においては，いくつかのデータを用

いて他のデータを予測可能にすることが目的となる．この手法に属する代表的な手法として，回帰分析，パーセプトロン，決定木学習などがある．記述モデルの学習においては，データ間に成立している特徴的な性質を抽出して，明確な記述として表現することを目的としている．代表的な手法としては，クラスタリングや相関ルールなどがある．

予測モデルの学習においては，予測対象となるデータを決めて与えておく必要がある．それを**教師データ**と呼ぶ．教師データを使うので，**教師あり学習**（あるいは**教師つき学習**）と呼ぶ．一方，記述モデルでは，教師データを用いないので**教師なし学習**と呼ぶ．

次節では，予測モデルの学習として広く用いられている回帰分析について学び，続く節で他の手法について学ぶ

■5.2 回帰と識別ルールの学習

伝統的な統計学の分野（多変量解析）では，前節の最後で述べた予測モデルの学習に関して，回帰と識別という二つの問題を設定して取り組んできている．統計学は伝統をもつ学問分野であり，機械学習の技術にも大きな影響を与えている．回帰と識別について本節で概要を説明する．

回帰とは，この例の場合には，理科の点数を数学の点数の関数として，理科 = f（数学）となる関数 f，あるいは逆に，数学 = g（理科）となる関数 g を見い出すことである．このような f あるいは g が得られれば，記録されていない数学の点数に対する理科の点数を予測したり，理科の点数から数学の点数を予測したりすることができるようになる．

一般には，データ y と n 個のデータ $x_1, ..., x_n$ に対して $y = f(x_1, ..., x_n)$ となる関数 f を求める問題である．特に $y = a_0 + a_1 x_x + \cdots + a_n x_n$ という（一次）線形式による場合を**線形回帰**（学習）といい，この式を**線形回帰式**という．$x_1, ..., x_n$ のことを**説明変数**と呼び，y を**目的変数**と呼んだり**被説明変数**と呼んだりする．前節の用語では，y が教師データである．

線形回帰では，データを最もよく説明できる線形式を求める．「最もよい」という基準として通常は，データの予測値と実際のデータの値との2乗誤差を最小にするという基準が使われる．以下では，説明変数が一つだけの場合（これを**単回帰**という）で説明する．

n 個のデータ組 $(x_1, y_1), \cdots, (x_n, y_n)$ に対して，予測値 $\hat{y}_i$ と実データ y_i との差の2乗和

$$S = \sum_{i=1}^{n}(y_i - \hat{y}_i)^2 \tag{1}$$

を最小にすることが2乗誤差の最小化である．線形式で予測するので $\hat{y}_i = ax_i + b$ と書けるから，式(1)を書き直した式(2)が最小値となるように係数 a, b を定めればよい．

$$S = \sum_{i=1}^{n}(y_i - (ax_i + b))^2 \tag{2}$$

最小値となる係数を決めるためには，式(2)を a, b で偏微分した式(3)および(4)の値が0となるようにすればよい．この方法をラグランジュの未定乗数法といい，解析学でよく使う手法である．

$$\frac{\partial S}{\partial a} = -2\sum_{i=1}^{n}x_i(y_i - (ax_i + b)) = 0 \tag{3}$$

$$\frac{\partial S}{\partial b} = -2\sum_{i=1}^{n}(y_i - (ax_i + b)) = 0 \tag{4}$$

以降の計算は省略するが，機械的な式変形により値を求めることができる．x と y 各々の平均 $\bar{x} = \frac{1}{n}\sum_{i=1}^{n}x_i$ および $\bar{y} = \frac{1}{n}\sum_{i=1}^{n}y_i$ を使って，係数 a, b は以下のように求まる．

$$a = \frac{\sum_{i=1}^{n}(x_i - \bar{x})(y_i - \bar{y})}{\sum_{i=1}^{n}(x_i - \bar{x})^2}$$

$$b = \bar{y} - \frac{\sum_{i=1}^{n}(x_i - \bar{x})(y_i - \bar{y})}{\sum_{i=1}^{n}(x_i - \bar{x})^2} \cdot \bar{x}$$

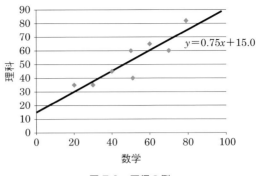

図 5.1　回帰の例

$$= \bar{y} - a \cdot \bar{x}$$

表計算ソフトである Excel のほか，多くのソフトに回帰式を求める機能が組み込まれており，容易に使うことができる．

表 5.1 の場合には，線形回帰の結果は図 5.1 に示す回帰式となり，図中の直線となる．これを**回帰直線**という．回帰直線が学習できれば，この直線によって未知データに対する予測が可能となる．

予測については，既知データの観測範囲内の未知部分を予測する内挿と，観測範囲外の予測の外挿とがある．表 5.1 のテストがもし 200 点満点になったとして，数学 170 点の学生の理科得点予測は外挿の例である．

一方，この例（表 5.1）の場合の識別問題は，合否についてのデータに注目して，合否を識別することができるルールを学習することである．すなわち，合否を教師データとして，他のデータ（理科および数学の点数）を用いて合否の識別を予測する学習である．識別基準のルールにはさまざまなものが考えられるが，平面上の直線と考えれば図 5.2 に示すものが可能性の一つとなる．この直線を求める手法については本書では省略する．

回帰では数値データから数値データを予測しており，識別では数値データから 2 値（合格か不合格か）の離散データを予測している．このようにデータの種類が異なるために，学習に使われる手法が異なってくる．データの種類については次節で学ぶ．

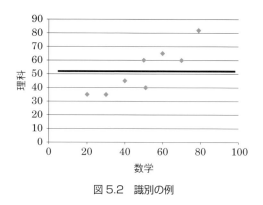

図 5.2　識別の例

　学習を行うことの利点として，記憶領域の節約という効果がある．学校には多くの学生がおり，試験も何回も行われるために，それらのデータをすべて保存しておくためには記憶領域が必要となる．しかし，例で見たような回帰直線や識別直線が得られれば，大量のデータに代わって直線の式という極めてわずかな記憶領域で済むことになる．分類の場合でも同様であり，分類基準の式を記憶するだけで済む．記憶領域の節約は処理の高速化にも貢献できるだろう．人工知能実現のためには，さまざまな領域でのデータを扱わねばならないため，このような領域および速度の点からの効率化も重要である．

　効率化と関係があるが，学習した結果を利用することで，「理科の点数は概ね数学の点数に比例する」や「理科の点数が 50 点以上なら合格する」という，データ全体の簡潔な説明ができるようになる．対象領域の性質を簡潔に理解するという技術にもつながり，人工知能に取って重要な能力となる．

　図 5.1，5.2 を改めてよく見てみよう．回帰直線や識別直線が書き込まれているが，両者による回帰や識別は完璧といえないことがわかる．すなわち，回帰直線上での点数予測と実際の点数には違いがあり，分類直線による識別結果と実際の合否も一致しないものがある．これは学習で得られたことの精度に関係している．すなわち，データからの学習結果は，データの多くと合致しているが，学習結果とは食い違いを生じるデータが含まれることもある．

　本節の例では，直線による回帰や識別を説明した．これが最も単

純な方法であるが，二次式以上の多項式を用いてもよいし，もっと複雑な関数を用いることも考えられる．学習における**モデル選択**という問題とも関係してくる．

以降では，機械学習手法についてさらに学ぶが，その前にデータとは何かについて次節で説明する．

■5.3 データの種類

データといってもさまざまな種類がある．前節の回帰と識別でみたように，種類に応じた扱いをする必要がある．大きくは，数値か非数値かに分かれる．数値とはいっても，処理の都合上数値化しただけのものがよくある．例えばアンケート調査で男女の性別を1や0とする場合は，処理の都合で決めたにすぎない．1が0より大きいことには何の意味もないし，2人の男女の平均として0.5を求めることはできない．このように見かけが数値でも，実質上は名前であり，数値的な計算が不可能なものが**名義尺度**である．

アンケート調査で製品の「満足度」がいくつかの段階に分けて示されている場合がある．例えば「満足」が5で「普通」が3のときには，5と3の大小比較（つまり順序の比較）には意味があるが，両者の差である2に意味がない．このようなものが**順序尺度**と呼ばれる．

表5.2 データの種類

非数値データ			数値でないデータすべて
数値データ	質的データ（定性的）	名義尺度	男性（1）女性（0）のような便宜上の数値化で，本質的には名前と同等．大小比較や四則演算は意味をもたない．
	量的データ（定量的）	順序尺度	大小など順序関係には意味があるが，数値の差には意味がなく四則演算の適用も意味をもたない．
		間隔尺度・比例尺度	工学上の多くのデータが所属し，四則演算結果に意味がある．厳密には間隔と比例の区別がある．

機械学習やデータマイニングでは,このようなデータの種類に応じて,適用できる手法が変わってくることがある.ツールの実現方法によっては,想定外の種類のデータでも動くことがあるため注意しなければならない.

表5.2で示す以外の基準でもデータを分類することができ,その分類に応じて異なる機械学習やデータマイニング技術が開発されている.以下に代表的な種類のデータについて説明する.

時系列データとは,時間的順序に従って観測されたデータの列である.センサーにより観測されたデータは,時系列データの典型例となる.時系列データでは,時間経過とデータの関係について,予測したり,記述したりする学習方法が開発されている.例えば,先に学んだ線形回帰の考え方を拡張した手法もある(自己回帰移動平均モデル).その他にも,本章で学ぶ機械学習の技術を拡張した方法が開発されている.第8章で学ぶビッグデータやIoT(Internet of Things)では,さまざまな種類のセンサデータを扱うことが多く,時系列データの学習が重要な課題となる.

テキストデータとは,その名前の通りに日本語や英語などの文書データのことである.社会には書籍やWebなど,大量のテキストデータがあふれている.特に近年では,TwitterやFacebookなどのSNS(Social Networking Service)上に膨大なテキストデータが投稿されている.これらの中から有効な知識を抽出する**テキストマイニング**は重要な技術となっている.本章で学ぶ機械学習やデータマイニングの技術をベースとして,日本語や英語などの言語がもつ特性を利用したテキストマイニング手法が開発されている.

データの構造に注目した分類もある.リレーショナルデータベースでは,データの意味的な構造が**データベーススキーマ**として明確に定められている.そのため**構造化データ**と呼ばれる.第6章で学ぶXMLやHTMLでは,テキスト中にタグを埋め込むことで構造をもたせることができるが,自由度が高いために**半構造化データ**と呼ばれる.一般のテキストデータでは,構造が規定されていないので**非構造化データ**と呼ばれる.データの構造を利用することで,より多くの知識を抽出できる機械学習やデータマイニングの技術が開発されている.

5.4 パーセプトロンの登場と限界

識別問題を解くために提案された手法の一つに，**パーセプトロン**がある．人間の脳を模倣するという，コネクショニズムの立場をコンピュータ上に実現した最初期の技術である．外部からの刺激や入力に対応する入力層のユニットと，認知や判断結果のニューロンに対応する出力層のユニットという2層に分かれている．パーセプトロンで行う分類がYes/Noや1/0のような2値の場合には，図5.3左側のように，出力層のユニットが1個だけの構成となる．例えば，手書きの数字を0から9のいずれかに分類する場合は，多値の分類であり，図5.3右側のように出力層のユニットが増える．この場合にも入力層から出力層へのリンクには重みが付いているが，図では省略している．本節では理解を容易にするために左側の単純なケースで説明する．

入力層のユニットは，入力値x_iが与えられると，その値を出力層のユニットuに重みw_iを乗じて$w_i x_i$として伝播させる．出力層の値uは，これらの総和とバイアス値w_0によって，以下のようになる．

$$u = w_0 + x_1 w_1 + \cdots + x_n w_n$$

最終的な出力zは，以下のようにして0と1に2値化される．

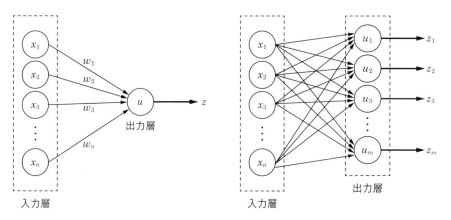

図5.3 パーセプトロンの構造（左は2値分類，右は多値分類）

$$z = \begin{cases} 1, & u \geq 0 \\ 0, & u < 0 \end{cases}$$

z を連続値のままで扱う場合には，5.1 節で述べた n 変数の回帰分析と類似の枠組みとなる．

初期状態のパーセプトロンでは，**重み**はランダムに設定されており，重みを修正していくことが学習となる．入力層のすべてのユニットから出力層のユニットに結合があるが，結合が不要なら重みが 0 となる．教師付き学習なので，データを与えたときの出力 z が**教師データ** z^* と一致するように重み w_i を調整していく．すなわち，教師データ z^* と出力 z との差の評価量 E（例えば 2 乗誤差）に対し，重みの修正量を $\Delta w_i = \varepsilon \cdot d(E, x_i)$ として求めて，新たな重みを $w_i = w_i + \Delta w_i$ と更新する．ここで，関数 d は評価量と x_i から修正量を決める関数であり，数学的には微分と関連する．ε は重み修正量を決めるときの調整係数である．この値を大きく取れば，1 回の修正量を大きくして学習の収束を早める効果があるが，正しい値を飛び越えてしまいむしろ収束が遅くなることもある．小さく取ると逆の効果となる．

パーセプトロンは画像の分類問題などにも適用され，当時の技術としては一定の成果を収めたが，やがてその理論上の限界も明らかになった．

パーセプトロンは図 5.4(a) に示すように，**線形分離可能**な識別問題を解くことができる．すなわち，図中に引かれている直線を学習

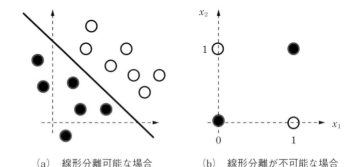

(a) 線形分離可能な場合　　(b) 線形分離が不可能な場合
　　　　　　　　　　　　　　　XOR（排他的論理和）

図 5.4　線形分離可能な場合と不可能な場合

することができ，未知データをこの直線によって分類することができる．図5.4(b)の場合を考えてみよう．白丸は1を示し黒丸は0を示すとすれば，x_1 と x_2 が同じ値のときに0となり，それ以外は1となっている．これは論理関数の**排他的論理和**（XOR, exclusive OR）を表現したものである．この場合には，どんな直線によっても白丸と黒丸を分離することができないので，パーセプトロンでは学習不可能な概念ということになる．

　線形分離可能とは，二次元の場合には直線によってデータが分類される場合であり，三次元の場合には平面で分類される場合である．一般の n 次元の場合には $(n-1)$ 次元の平面（**超平面**という）によって分離される場合となる．

　論理式は，人間の論理的な思考や概念を表現する手段の一つと考えられ，人工知能実現のための基本的な道具である．XOR という極めて単純な論理式すら学習できないことが証明されたことは，パーセプトロンに期待する技術者にとっては衝撃であった．このこともあって，以後かなりの期間に渡って研究開発が停滞することになる．パーセプトロンの限界克服がディープラーニングにつながっていくが，そのための技術開発には長い時間を要した．これらの発展は節を改めて説明する．

5.5　深層学習（ディープラーニング）の登場

1．ニューラルネットワーク

　先に学んだパーセプトロンでは，線形分離不可能な問題を解くことができなかった．その例として XOR を取り上げた．P と Q の XOR（$\oplus$ と書く）は両者が共に真となることはないのだから，論理積（$\wedge$），論理和（$\vee$）および否定（$\neg$）を使って以下のような等価な論理式に書き換えることができる．この書換えが正しいことは真理値表を書けば容易に確認できる．

$$\begin{aligned}
P \oplus Q &= (P \wedge \neg Q) \vee (\neg P \wedge Q) \\
&= (P \vee Q) \wedge (\neg P \vee \neg Q) \\
&= (P \vee Q) \wedge \neg (P \wedge Q)
\end{aligned}$$

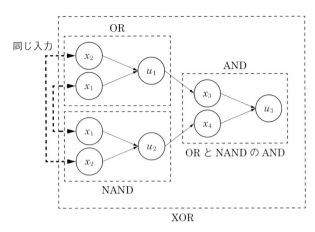

図 5.5　パーセプトロンの多段階結合

　上記の書換え中で出てくる $\lnot(P \land Q)$ を否定論理積（NAND）と呼ぶ．NAND は線形分離可能なのでパーセプトロンで学習可能である．また OR も同様に学習可能である．このことから，図 5.5 に示すように，学習済のパーセプトロンを多段階に組み合わせることで，線形分離不可能な場合の分類も可能とすることができる．ただし，このようにパーセプトロンを多段階に重ねたものに対して，初期状態から学習させることは困難な問題となる．先に学んだパーセプトロンの重み修正という学習方法では，このような多段階の場合に適用できない．このためには，勝手な方法で多段階にするのではなく，一定の枠組みの中で取り扱うことが必要となってくる．

　このような発想から生まれたものが**ニューラルネットワーク**であり，図 5.6 に示すような構造の場合を**フィードフォワードニューラルネットワーク**と呼ぶ．フィードフォワードと付く理由は，逆戻りの結合や同じ層内での結合を許さないからである．以降では，他のタイプと混乱しない場合には単にニューラルネットワークと呼ぶこともある．

　入力層と**出力層**の間に**中間層**が組み込まれている．中間層を**隠れ層**と呼ぶこともある．図は中間層が 1 層だけであるが，何層に重ねてもかまわない．なお，各ユニット間の結合ではパーセプトロンの場合と同様に重みが対応付けられているが，図では省略している．

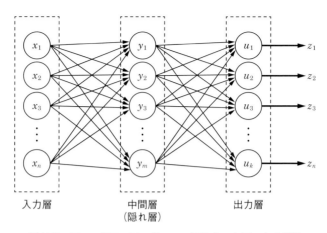

図5.6 フィードフォワードニューラルネットワークの構造

　パーセプトロンの場合と同様に，入力層から中間層への伝播は1方向に伝わるのみであり，各結合の重みを用いてユニットの出力が計算される．すなわち，中間層のユニット y_i に対しては

$$y_i = y_{i,0} + w_{i,1}x_1 + w_{i,2}x_2 + \cdots + w_{i,n}x_n$$

となる．ここで $w_{i,j}$ は前層の x_i から y_j への結合の重みであり，$y_{i,0}$ はバイアスである．中間層 y_i はここで求まる値をそのまま出力層に伝えるのではなく，関数 f を施した値 $f(y_i)$ を出力することが一般的である．関数 f としては図5.7に示すような，シグモイド関数や類似の振舞いをする関数がよく使われている．これらの関数は，ある x の値を境にして，$f(x)$ の値が急激に変化するが，変化は連続的であり微分可能という数学的な性質をもっている．この性質がニューラルネットワークの学習の際に重要となってくる．図5.7はシグモイド関数 $y = \dfrac{1}{1 + e^{-ax}}$ で $a = 5$ の場合を描いたグラフである．この関数は $0 \leq y \leq 1$ の値を取り $x = 0$ を境にして急激に値が変化している．a の値を増やすことで更に急激に変化するようになる．

　出力層のユニット u_i に対しても同様に，中間層からの値と重みによって

$$u_i = u_{i,0} + v_{i,1}f(y_1) + v_{i,2}f(y_2) + \cdots + v_{i,m}f(y_m)$$

が計算され，中間層の場合と同じく関数 f によって $f(u_i)$ が出力さ

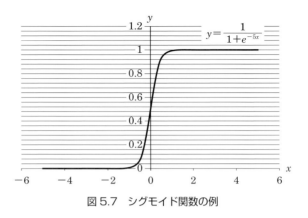

図 5.7　シグモイド関数の例

れる．$f(u_i)$ の値がしきい値を超えるかどうかによって識別問題を解くことができる．

　3層以上の構造をもつニューラルネットワークでは線形分離不可能な問題でも解くことができることが明らかにされており，パーセプトロンの限界は克服されている．

2. 誤差逆伝播法（バックプロパゲーション）による学習

　深層学習を可能にした重要な技術が誤差逆伝播法である．この技術は1986年ごろに脚光を浴び始めたので，パーセプトロンの発明（1957年ごろ）から30年近くが経過している．学習方法の詳細を学ぶためには数学的な知識が必要となるため，本節では考え方の基本だけに留める．

　基本的な考え方は，ランダムに重みを与えたニューラルネットワークに対して，教師データと現在の出力との差を求め，その差の評価量ができるだけ小さくなるように重みを修正することである．少しだけ形式的に書けば，ニューラルネットワークの出力をまとめた $Z = (z_1, z_2, z_3)$ と教師データ $Z^* = (z_1{}^*, z_2{}^*, z_3{}^*)$ との差 $Z^* - Z$ に対して，この差の評価量 E を計算する．E としては，例えば2乗誤差などが使われる．この評価量が最小になるようにニューラルネットワーク全体の重みを調整する．この修正作業は出力層から入力層に向かって逆向きに行われる．図5.8では3層の場合を示しているが，まず E を最小化するように中間層から出力層への結合の

> 誤差逆伝播法と同等の技術は，すでに1960年代から開発されていたが，ニューラルネットワークへの応用で注目され始めたのが1986年ごろである．

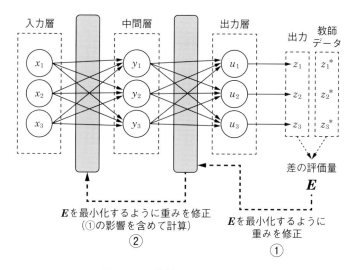

図 5.8　誤差逆伝播法による学習

重みを調整し（①），その結果を②の入力層から中間層の重みの調整へ伝播させて計算を行う．調整作業が逆向きなので**誤差逆伝播法**と呼ばれる．この逆向きの調整作業の際に，中間層で用いられている関数 f がシグモイド関数のように，微分可能という性質をもっていることが重要となってくる．

　誤差逆伝播法による学習はニューラルネットワークの能力向上に大きく貢献しているが，以下のような問題がある．とくに，3層を超えるような層の深いニューラルネットワークに対しては，これらの問題が深刻となり，誤差逆伝播法が期待通りの性能を発揮できないことが多かった．

(1) **最適解**に収束しない可能性：真の最適解ではなく，局所的な部分で調整が進まなくなり，**局所解**に陥ってしまうことがある．この解決のために多くの手法が開発されている．例えば，初期値として与えるランダムな重みを変化させる方法や，重み係数の調整に確率的な振動を与えて，局所的な部分に留まりにくいようにした方法などがある．これらの方法では，変化のさせ方に関するパラメータの調整が困難になるという新たな課題が発生することが多い．また，最適解に収束するまでに大量の

計算処理が必要になるという問題も発生する．このような新たな課題は層が深くなるにつれて深刻となってくる．

(2) **勾配消失**（あるいは勾配爆発）の問題：重みの調整量は前段の層にある多数のユニットに分担して割当てられる．層を重ねるごとに割当て量が減少する．いったん0になると（勾配消失），そこより前段の層には誤差逆伝播が行われずに，調整作業がストップしてしまう．中間層にフィードバックループのあるリカレントニューラルネットワークでは，逆に勾配爆発という現象となる場合もある．

(3) **過適合**（**オーバフィッティング**）の問題：誤差逆伝播の問題というよりも，単純に層を深くしただけのニューラルネットワークの問題である．学習時に与えられたデータ（訓練データ）に対しては，高い精度での学習が可能となるが，未知データに対する予測精度が低下する問題である．訓練データに過剰に適合し過ぎて一般的なケースへの適応能力が低下する現象である．

以上のような理由により，パーセプトロンを多層化することにより発展してきたニューラルネットワークは，一時停滞の時期を迎えることになる．技術的な課題をクリアしたニューラルネットワークを用いる手法が，深層学習（ディープラーニング）と呼ばれ脚光を浴び始めるのは2010年ごろである（技術が開発された時期はもう少し前である）．

3. 問題点の克服による深層学習の発展

誤差逆伝播法には先に述べたような問題がある．この克服のために，いくつかの技術が開発され深層学習に発展していく．なお，深層学習は単一の手法ではなく，異なる方法論や手法の集まりであり，目的や問題領域ごとに使い分ける必要がある．

多くの深層学習の手法に共通する手法として，事前学習がある．誤差逆伝播法ではランダムに与える初期値（重み）からスタートするが，適切に選んだ初期値からスタートすればその問題点の多くが解消でき，層の深いニューラルネットワーク（深層ニューラルネットワーク）を適切に学習させることができ，その能力を引き出すこ

5.5 深層学習（ディープラーニング）の登場

とが可能となる．適切な初期値を選ぶ手法が**事前学習**である．事前学習の概要を説明するために，まずオートエンコーダについて説明する．

フィードフォワードニューラルネットワーク（Feed Forward Neural Network, FNN）

オートエンコーダ（自己符号化器）とは，通常のフィードフォワードニューラルネットワーク（**FNN**）である．入力層から中間層までの結合を折り返して，中間層から出力層の結合を作っている（図 5.9 は中間層のユニットが 2 個の場合）．入力データを $x = (x_1, \cdots, x_n)$ とするとき，中間層の各ユニットでは，先に学んだように，$y = (y_1, \cdots, y_m)$．ただし，$y_i = y_{i,0} + w_{i,1}x_1 + w_{i,2}x_2 + \cdots + w_{i,n}x_n$ が計算される．中間層から先は折返しなので出力は入力と同じく $x = (x_1, \cdots, x_n)$ である．すなわちオートエンコーダは，自分自身を学習するようになっているが，中間層で得られている $y = (y_1, \cdots, y_m)$ が重要である．これは入力を何らかの方法で符号化したものと見なすことができる．特に中間層のユニット数が入力層よりも少ない場合には，データの圧縮表現が得られていると考えられる．言葉を変えれば，

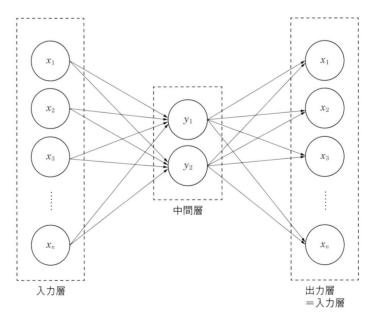

図 5.9　オートエンコーダの例

入力データに対する特徴を抽出していると見なすこともできる．このオートエンコーダの学習は，出力が入力と同じになるようにすればよいので，本質的には教師なし学習として行うことができる．階層が浅いので，誤差逆伝播法での問題はほとんど発生しない．

図 5.10 (a) に示す深層の FNN に対して，オートエンコーダを用いた深層学習は以下のようになる (図 5.10 の (b) と (c))．

(1) FNN を 1 層ずつ分解した単層のネットワークを取り出す．

その各々を自己エンコーダ化して，教師なし学習を行う．各々の自己エンコーダの重みを学習させることができるが，これが

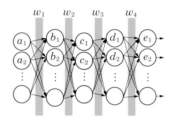

(a) 深層FNN

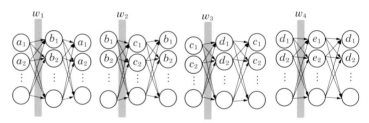

(b) 層ごとに分解しオートエンコーダとして教師なし学習（事前学習）

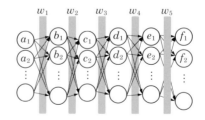

(c) 元のFNNを再構築し最終段に1層追加

図 5.10　深層 FNN の分解による事前学習

5.5 深層学習（ディープラーニング）の登場

元のFNNに対する事前学習に相当する．
(2) 元のFNNを再構築するが，出力層を一つ追加して本来解きたい識別問題の解が得られるようにしておく．
(3) 上記のFNN再構築では，最後に追加した層の重みはランダムに与え，残りの部分は（1）のオートエンコーダで学習した重みを用いる．
(4) このようにして構築したFNNに対して，誤差逆伝播法により教師付き学習を適用する．

この手法を直感的に説明すれば，オートエンコーダによる特徴抽出部分の学習をまず単体レベルで行い，その後に抽出した特徴にもとづいた識別問題の学習を行っていると考えることができる．

この手法では，誤差逆伝播法の欠点があまり深刻化することなく，学習に成功するケースが多いことが知られている．しかし，その理論的な解明はまだ十分になされていない．

ここではオートエンコーダを用いた事前学習方法の考え方を説明したが，後に述べる制限付きボルツマンマシン（RBM）でも同様の方法が適用できる．

事前学習は深層学習技術の一部に過ぎず，パーセプトロンのころから開発されてきたさまざまな技術の高度な組合せによって，その卓越した能力が発揮されている．また同時に，クラウドコンピューティングなどの強力な計算資源も深層学習には不可欠であろう．このような技術を総合して用いることで，ニューラルネットワークの層を深くする効果が発揮される．

■4. その他のニューラルネットワークと深層学習

FNNの他にもいくつかの異なるタイプのニューラルネットワークが開発されている．

ボルツマンマシン
(Boltzmann Machine, BM)

制限付きボルツマンマシン
(Restricted Boltzmann Machine, RBM)

(a) **ボルツマンマシン（BM）** では，ニューラルネットワークの構造を双方向で自由な結合とし，さらにユニットが活性化される条件に確率的な要素を取り入れている．一般のBMは学習に時間がかかるなどの問題があるため，最近では**制限付きボルツマンマシン（RBM）** が利用されるようになっている．先に説明したオートエンコーダと類似の手法により，RBMの深層

学習を行う手法が開発されている.

畳み込みニューラルネットワーク (Convolutional Neural Network, CNN)

(b) **畳み込みニューラルネットワーク（CNN）** はFNNの一種であり，画像処理に焦点を絞って開発されている．これまでに学んだFNNでは，隣接層のユニット間がすべて結合されていたが，CNNでは上位層のユニットは下位層の決まった小数のユニットとのみ結合をもっている．この構造は生物の脳の視覚野に示唆を得たものである．畳み込みとは，画像処理でよく用いられる操作であり，ある画像に対してフィルタと呼ばれるサイズの小さな別な画像を作用させ，元画像中にあるフィルタと類似部分を強調した画像を得ることである．畳み込みをうまく用いることで，画像中の特徴部分を抽出することができる．CNNは多層化に適しており，画像認識の深層学習に用いられている．

リカレントニューラルネットワーク (Recurrent Neural Network, RNN)

(c) **リカレントニューラルネットワーク（RNN）** では，一種の内部状態を実現するために，中間層の出力を次のタイミングで中間層に結合することができる．内部状態によって，時系列データの処理が可能となり，音声認識などの処理に強みをもっている．テキストデータも単語の出現順序が重要な意味をもつため，RNNの適用が期待されている分野である．事前学習に基づく深層学習方法が開発されており，テキスト処理の新たな技術としても期待されている．

■5.6 サポートベクターマシン

　線形分離不可能な分類問題にも適用できることから，（非線形）**サポートベクターマシン**（support vector machine，**SVM**）という技術が注目されている．深層学習が脚光を浴びる以前は，SVMが機械学習の重要な研究開発テーマであった．図5.11にSVMの基本的な概念であるサポートベクターおよびマージン最大化の考え方を示す．

　サポートベクターとは，最も接近していて分離しにくいデータのことである．このようなサポートベクターが，最もよく分離できる

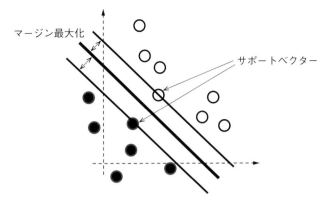

図 5.11　SVM の考え方

ようにするということが，マージン最大化という基準である．すなわち，サポートベクター間のユークリッド距離が最大となる直線の学習が SVM の目的である．ここで，使われているのは全部のデータではなく，サポートベクターとなる一部だけのデータであることが重要である．一方，パーセプトロンにおいては，すべてのデータについて教師データとの差の評価量を最小にするという基準であった．SVM でのマージン最大化は，未知データに対する分類精度などの観点で優れているとされている．

　線形分離可能な問題しか解くことができないことがパーセプトロンの限界であった．SVM ではこの問題に対して，データの高次元化という発想により解決している．先に図 5.4 で見たように，XOR は線形分離不可能な問題であるが，この図が二次元で描かれていることに注意されたい．元のデータは三次元であり，それを二次元平面に投影したものがこの図であると考えてみたらどうだろうか．この場合には，三次元空間中での XOR のデータは二次元の平面（超平面）により線形分離できる．つまり，データの次元を三次元に上げることで線形分離可能な問題に変形可能になる．一般の n 次元データの場合でも同様であり，高次元化による解決を考えることができる．これが SVM の基本的な考え方である．

　それでは，このような都合のよいデータの高次元化がいつも可能なのかどうか，またそのための計算コストを実用的なレベルに抑え

ることができるのかという問題である．

　SVMでは，データを実際に高次元化して解くのではなく，数学的に巧妙な手法を開発することで解決に成功している．この手法の理解には本書のレベルを超える数学知識が必要となるので，考え方だけを説明する．データ x_i と x_j に対し，これらを高次元化したときのデータを $h(x_i)$, $h(x_j)$ とする．SVMのマージン最大化では，データに対する距離が求まればよいので，内積 $K(h(x_i), h(x_j))$ を計算することができればよい．したがって，データを高次元化する方法を求めなくても，高次元化後の内積計算だけができれば目的は達成できる．この内積計算のために用いる関数を**カーネル関数**と呼ぶが，SVMでは数学的に巧妙な方法（カーネルトリック）で現実的に計算可能とすることに成功している．

　深層学習が開発される以前のニューラルネットワークでは，誤差逆伝播法にかかわる問題点が十分に解決されていなかった．当時の手法では，パラメータなどを実験や経験によって調整しなければ性能を発揮できなかった．一方においてSVMは，線形分離不可能な問題も解くことができる上に，調整に関する煩わしさも少なく，比較的容易に性能を引き出せる技術であった．このような理由により，深層学習の技術が広まる以前においては，機械学習の中心的位置にあったといえる．

■5.7　決定木学習

■1．決定木とは

　決定木（decision tree）では，対象となるデータは表5.3のような形式をしている．なお，このデータは説明のために人工的につくったものである．

　データベースの一つの行（横方向）が1件のデータを表しているので，この表には10件のデータが入っている．1件のデータは五つの項目に分かれている．最初の四つの項目（馬力，タイプ，年式，色）を**属性**といい，属性に与えられている値を**属性値**と呼ぶ．例えば，馬力属性は「高」，「中」，「低」という属性値を取り，色属性は

属性（attribute）
属性値（attribute value）

表5.3 データベースの例

馬力	タイプ	年式	色	クラス
低	クーペ	古	赤	事故率高
高	セダン	新	黒	事故率低
中	セダン	古	黒	事故率低
高	セダン	古	青	事故率高
低	クーペ	古	黄	事故率低
高	セダン	新	紫	事故率低
低	クーペ	古	白	事故率高
中	セダン	新	白	事故率低
高	クーペ	古	黒	事故率高
低	クーペ	古	銀	事故率低

「赤」，「黒」，「青」，「黄」，「紫」，「白」，「銀」の属性値を取る．最後の項目を**クラス属性**といい，それが取る値を**クラス**という．この場合には，「事故率高」か「事故率低」のいずれかのクラスとなる．決定木学習は教師あり学習であり，クラスが教師データとなる．データをこのような表形式で整理することはごく一般的であり，簡単に準備することができる．広く用いられているリレーショナルデータベースとの親和性も高い．

決定木とは，データのクラスを決定するためのものであり，データから最も良い決定木を構築することが決定木学習である．図5.12と図5.13はいずれも決定木の例である．末端のリーフノード以外のノードには，そのノードで属性値をテストすべき属性が付随している．ルートノードから始めて，ノードで指定された属性値をテストし，指示される枝の方向に進む．リーフノードに到達すればクラスがわかる．

図5.12の場合には，ルートノードは色属性のテストである．もし色属性が「黒」あるいは「白」の場合にはクラスを決めることはできないが，ほかの色ならリーフになるのでクラスが決定する．「黒」や「白」である場合には，続いてタイプ属性のテストを行う．その属性値が「セダン」か「クーペ」かによりクラスが決まる．例えば，黒でセダンなら事故率低であるが，黒でクーペなら事故率高となる．

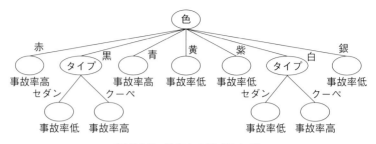

図 5.12　決定木の例（その 1）

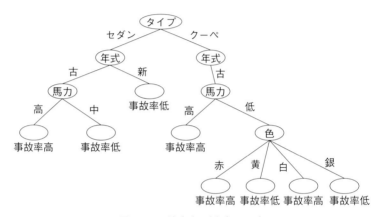

図 5.13　決定木の例（その 2）

　図 5.12 と図 5.13 はいずれも決定木なので，どちらを使って属性値を調べてもクラスを決定できる．同じようにクラスを決定できるなら，できるだけ単純な決定木を使うことにするのがよい．そのほうが属性値をテストする回数が少なくて済む．実際，図 5.12 では，ほとんどのクラスが 1 回属性値をテストするだけで決まり，最悪でも 2 回のテストで済む．一方，図 5.13 の場合には，4 回のテスト（すなわちすべての属性）を行わなければクラスが決まらないものもある．これらは説明のための小さな例なので差が小さいが，現実の大量データに対しては決定木のサイズが大きくなり，コンパクトにつくったものと冗長なものとの差が大きくなる．

　もう一つの理由として，同じことができるのならできる限り単純なものを採用すべきという原理がある．データを説明できる仮説（この場合は決定木）が複数存在するとき，最も単純なものを優先

オッカム (William Ockham) 1280?~1394? イギリスのスコラ哲学者.

して採用すべきという主張は，14世紀頃の哲学者オッカムにちなみ**オッカムの剃刀**（Ockham's razor）と呼ばれている．AIの多くの場面でこの原理が用いられている．

2. 情報量と情報の利得

ここでは，情報量についてごく簡単に説明する．すでに**情報量**について知っている読者は飛ばしてもかまわない．

情報量は文字どおり，情報の量を測るための尺度である．長さや重さがセンチやグラムの単位で測定されるように，情報量は**ビット**という単位で測定される．

n個の要素からなる**確率事象系**$X = \{X_1, X_2, \cdots, X_n\}$を考える．各$X_i$が起きる確率$P(X_i)$が与えられており，$\Sigma_i P(X_i) = 1$である．$X$の情報量$I(X)$は

$$I(X) = -\sum_{i=1}^{n} P(X_i) \log_2 P(X_i)$$

で計算される．単位はビットである．表5.4の例で考えよう．全部で30枚の色付きのメダルがある．メダルには形（丸，四角）があるが今は形は考えない．色は3色あるが，どの色のメダルも同じ枚数である．無作為にメダルを1枚選ぶときに出る色を$X = \{赤, 青, 黄\}$として考えると，すべてが同じ確率で起きることから情報量$I(X)$は

$$I(X) = -\frac{1}{3}\log_2 \frac{1}{3} - \frac{1}{3}\log_2 \frac{1}{3} - \frac{1}{3}\log_2 \frac{1}{3} = 1.58 \text{ビット}$$

となる．

それでは，このメダルの形の情報まで考えてみよう．形を考えたときの情報は表5.5のようになっている．

表5.4　3色のメダル情報（その1）

赤	青	黄	合計
10	10	10	30

表5.5　3色のメダル情報（その2）

	赤	青	黄	合計
形＝丸	1	10	1	12
形＝四角	9	0	9	18
合計	10	10	10	30

メダルの形が丸とわかったときに色が赤である確率は**条件付き確**

率として
$$P(赤|形=丸) = \frac{P(赤 \text{ かつ } 形=丸)}{P(形=丸)} = \frac{1}{12}$$
となる．

同様の計算により $P(青|形=丸) = 10/12$ や $P(黄|形=丸) = 1/12$ が求められる．したがって，形=丸のもとでの情報量は条件付き確率を使って
$$I(X|形=丸) = -\frac{1}{12}\log_2\frac{1}{12} - \frac{10}{12}\log_2\frac{10}{12} - \frac{1}{12}\log_2\frac{1}{12}$$
$$= 0.82 \text{ ビット}$$
となる．この情報量は条件付き確率を使って計算されるので，類似の記法を使っている．

形=四角という状況のもとでの情報量も全く同様にして
$$I(X|形=四角) = -\frac{9}{18}\log_2\frac{9}{18} - \frac{0}{18}\log_2\frac{0}{18} - \frac{9}{18}\log_2\frac{9}{18}$$
$$= 1.00 \text{ ビット}$$
となる．ここで，$0\log_2 0 = 0$ としている．$f(x) = x\log_2 x$ のグラフ（図5.14）からわかるように，こうすると $x=0$ での連続性が保たれ自然である．

結局，形という情報がわかったときの情報量としては，丸の場合と四角の場合の平均（期待値）として
$$I(X|形) = \frac{12}{30}I(X|形=丸) + \frac{18}{30}I(X|形=四角)$$
$$= 0.93 \text{ ビット}$$
となる．

利得（gain）

以上のことから，X において，形という情報を得ることの利得 $G(X, 形)$ を，情報を得る前と後の差分として
$$G(X, 形) = I(X) - I(X|形) = 1.58 - 0.93$$
$$= 0.65 \text{ ビット}$$
として計算することができる．

エントロピー（entropy）
熱力学で使われるエントロピーとも実は関係がある．

情報量のことを**エントロピー**とも呼ぶ．ここでの例から次のようなことが推測できるだろう．

① エントロピーが大きいほど，曖昧さがある状況である．

② 起きることが確定している状況（確率1で起きるものがある）では，曖昧さは0なのでエントロピーも0になる．

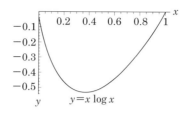

図5.14　$y = x \log_2 x$ のグラフ

3. 決定木構築の方法

　与えられたデータに対して，最も小さい決定木を作成する方法を考える．真に最小の決定木を構築するということは，計算量の点で非常に難しい問題であることがわかっている．すなわち，大規模なデータに対する真に最小の決定木をつくろうとすると，非現実的な計算時間を要することになる．そこで，必ずしも最小の決定木とはならないものの，経験的に多くの場合に満足できる結果となる方法が開発されている．ここで学ぶ方法もその一つであり，情報量に基づく尺度を使う．

　小さな決定木をつくるためには，より「情報をもたらす」属性のテストを先に行うことが効果的であることが知られている．

　「情報をもたらす」ということは，先に説明した情報量や利得を使って計算することができる．表5.3のデータに対してこの考え方を適用してみよう．

　事故率高か事故率低かというクラス属性に関する情報は，表5.6のように整理できる．属性に関する情報が何もない状況 X での情報量は

$$I(X) = -\frac{4}{10} \log_2 \frac{4}{10} - \frac{6}{10} \log_2 \frac{6}{10} = 0.97 \text{ ビット}$$

となる．

表 5.6 属性の情報が何もない状況

事故率高	事故率低	合 計
4	6	10

タイプ属性に関する情報が得られたときの状況は表 5.7 のようになる．

表 5.7 タイプ属性の情報がわかったとき

	事故率高	事故率低	合 計
タイプ＝クーペ	3	2	5
タイプ＝セダン	1	4	5
合 計	4	6	10

$$I(X|タイプ＝クーペ) = -\frac{3}{5}\log_2\frac{3}{5} - \frac{2}{5}\log_2\frac{2}{5} = 0.97 \text{ ビット}$$

$$I(X|タイプ＝セダン) = -\frac{1}{5}\log_2\frac{1}{5} - \frac{4}{5}\log_2\frac{4}{5} = 0.72 \text{ ビット}$$

タイプ属性が得られたときの情報量は，この二つの期待値として

$$I(X|タイプ) = \frac{5}{10}I(X|タイプ＝クーペ) + \frac{5}{10}I(X|タイプ＝セダン)$$
$$= 0.85 \text{ ビット}$$

となる．したがって，タイプ属性を得ることの利得は

$$G(X, タイプ) = I(X) - I(X|タイプ) = 0.97 - 0.85$$
$$= 0.12 \text{ ビット}$$

となる．

全く同様にして，年式属性がわかったとき（表 5.8）の利得を計算する．

$$I(X|年式＝古) = -\frac{4}{7}\log_2\frac{4}{7} - \frac{3}{7}\log_2\frac{3}{7} = 0.99 \text{ ビット}$$

$$I(X|年式＝新) = -\frac{0}{3}\log_2\frac{0}{3} - \frac{3}{3}\log_2\frac{3}{3} = 0.00 \text{ ビット}$$

年式属性が得られたときの情報量は，この二つの期待値として

$$I(X|年式) = \frac{7}{10}I(X|年式＝古) + \frac{3}{10}I(X|年式＝新)$$

$$= 0.69 \text{ ビット}$$
となる．したがって，タイプ属性を得ることの利得は
$$G(X, 年式) = I(X) - I(X|年式) = 0.97 - 0.69 = 0.28 \text{ ビット}$$
となる．

表5.8 年式属性がわかったとき

	事故率高	事故率低	合 計
年式=古	4	3	7
年式=新	0	3	3
合 計	4	6	10

馬力属性の場合も同様に計算できる．

$$I(X|馬力=高) = -\frac{2}{4}\log_2\frac{2}{4} - \frac{2}{4}\log_2\frac{2}{4} = 1.00 \text{ ビット}$$

$$I(X|馬力=中) = -0\log_2 0 - \frac{2}{2}\log_2\frac{2}{2} = 0.00 \text{ ビット}$$

$$I(X|馬力=低) = -\frac{2}{4}\log_2\frac{2}{4} - \frac{2}{4}\log_2\frac{2}{4} = 1.00 \text{ ビット}$$

したがって

$$I(X|馬力) = \frac{4}{10}I(D|馬力=高) + \frac{2}{10}I(D|馬力=中)$$
$$+ \frac{4}{10}I(D|馬力=低)$$
$$= 0.80 \text{ ビット}$$

となり，利得は
$$G(X, 馬力) = I(X) - I(X|馬力) = 0.97 - 0.80 = 0.17 \text{ ビット}$$
となる．

表5.9 馬力属性の情報がわかったとき

	事故率高	事故率低	合 計
馬力=高	2	2	4
馬力=中	0	2	2
馬力=低	2	2	4
合 計	4	6	10

色属性の場合にも同様に計算できる．この場合は属性値の可能性が多いので，計算が多少面倒である．

$$I(X|色=赤) = -\frac{1}{1}\log_2\frac{1}{1} - 0\log_2 0 = 0.00 \text{ ビット}$$

表 5.10　色属性がわかったときの状況

	事故率高	事故率低	合　計
色＝赤	1	0	1
色＝黒	1	2	3
色＝青	1	0	1
色＝黄	0	1	1
色＝紫	0	1	1
色＝白	1	1	2
色＝銀	0	1	1
合　計	4	6	10

色属性が青，黄，紫，銀の場合も同様に確定事象となるので情報量は 0 ビットとなる．

$$I(X|色=青) = I(X|色=黄) = I(X|色=紫) = I(X|色=銀)$$
$$= 0.00 \text{ ビット}$$

色が黒や白のときには次のように計算される．

$$I(X|色=黒) = -\frac{1}{3}\log_2\frac{1}{3} - \frac{2}{3}\log_2\frac{2}{3} = 0.92 \text{ ビット}$$

$$I(X|色=白) = -\frac{1}{2}\log_2\frac{1}{2} - \frac{1}{2}\log_2\frac{1}{2} = 1.00 \text{ ビット}$$

これらから

$$I(X|色) = \frac{3}{10} \times 0.92 + \frac{2}{10} \times 1.00 = 0.48 \text{ ビット}$$

となり利得が

$$G(X, 色) = I(X) - I(X|色) = 0.97 - 0.48 = 0.49 \text{ ビット}$$

となる．

これまでに計算したことをまとめると

$$G(X, 色) > G(X, 年式) > G(X, 馬力) > G(X, タイプ)$$

となる．

> このような利得の値を人手で計算するのでは，実用にならない．コンピュータ上のツール利用が不可欠となる．

この計算結果から，最初の状態においては色属性をテストすることが最も大きな利得を得ることになる．同様の計算を，色属性がわかった後の状況に対して行うことができ，そのときの最も利得の大きな属性を求めることができる．図5.12は，このような方法によって構築した決定木である．一方，図5.13は，それとはほぼ逆の方法により構築してみた決定木である．この図からも，情報量に基づく利得を使って決定木を構築する方法の有効性が確認できる．

4. 決定木利用と課題

構築した決定木は，その分野における知識として活用することができる．決定木が使われるようすを図5.15に示す．決定木という知識を組み込んだシステムを構築することにより，クラスが未知のデータに対して，そのクラスを予測することが可能となる．このようなシステムを実際に運用するためには，以下のようなことも考えておく必要がある．

① **クラス予測の正しさを推定する方法**：決定木による予測が必ず的中するとは限らず，ある程度のエラーが生じることがある．エラー率を事前に知ることが必要となる．

② **予測に必要な属性値が不足する場合への対処方法**：クラス予測を行うために必要な属性値がわからないことがある．そのような場合に，他の属性値の情報などから未知の属性値を推測し，その結果に基づいたクラス予測を行う方法が必要となる．

本章で説明した決定木構築方法は原理的なものであり，実際の

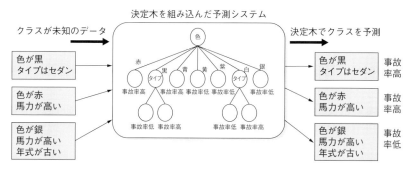

図5.15 決定木による予測システム例

表5.11 連続値の属性が含まれる場合

馬力〔PS〕	重量〔kg〕	年式（登録日）	色	クラス
83	925	96年 1月 13日	赤	事故率高
283	1710	04年 8月 10日	黒	事故率低
124	1265	92年 3月 3日	黒	事故率低
197	1658	94年 9月 10日	青	事故率高
72	900	95年 11月 22日	黄	事故率低
256	1534	03年 10月 17日	紫	事故率高
69	879	95年 6月 22日	白	事故率高
105	1020	03年 11月 9日	白	事故率低
370	1620	95年 2月 21日	黒	事故率高
81	720	95年 11月 22日	銀	事故率低

データに対する処理では以下の点などについて工夫が必要となる．

① **決定木構築方法の改良**：単純な利得評価では，多数の値を取る属性が過大に評価される傾向がある．評価方法の改良が必要である．

② **連続値属性への対処**：例えば表5.11に示すように，現実データには連続な属性値を取るものが多い．連続値を自動的に離散化して決定木で扱えるようにする方法が必要である．

③ **欠損値や異常値への対処**：現実のデータでは，一部の属性値が欠けていたり，あるいは異常なデータが入っていたりする．そのような問題のあるデータに対する対処方法が必要となる．

④ **決定木の枝刈りと過学習への対処**：与えられたデータにあまりに特化した決定木は，未知のデータに対する予測能力が低下するという過学習の問題が発生することがある．過学習を防止する方法が必要となる．

枝刈り（pruning）
過学習（overfitting）当てはめ過ぎともいう．

5. 決定木からルールへの変換

決定木をそのまま利用するのではなく，決定木からIF-THENルールを抽出し，そのルールを使うという手法がある．決定木の代わりにルールを使うことには，以下のようなメリットがある．

① 決定木のサイズが大きくなると人間が読んで理解することが

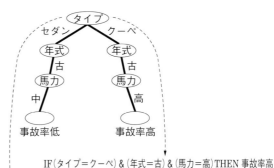

図5.16 決定木からルールへの変換

難しくなる．IF-THEN ルールのほうが理解しやすいため，知識を人間が検討するときに有利である．

② 知識表現に IF-THEN ルールを使うシステムをつくる技術は整備されており，開発ツールもある．システム開発の立場からは，IF-THEN ルールを採用するほうが便利である．

　原理的には，決定木から IF-THEN ルールへは直接的に変換できる．図 5.16 に変換の例を示す．ルートから出発してクラス（リーフ）に到達するまでのすべての属性値テストを IF 部（条件部）とし，リーフのクラスを THEN 部（帰結部）とすればよい．ただし，このような単純なルールへの変換では，決定木の複雑さに応じて，大量な IF-THEN ルールが生成されてしまう．あまりに大量の場合には，可読性の高さという IF-THEN ルールの特長が失われる恐れもある．決定木に対して，その予測能力をあまり低下させない範囲で，できる限り単純化されたルール集合へと変換する方法が開発されている．

5.8 クラスタリング

　似ているデータを集めてグループを作ってみることで，データの性質がよくわかるようになることがある．似たデータを集めたグループのことを**クラスタ**といい，クラスタに分けることを**クラスタ**

リングという.クラスタリングは教師なし学習であり記述モデルの学習となる.機械学習の手法としても重要であり,さまざまな手法が開発されている.本節では,その中で非階層的なクラスタリング手法である **k-means 法**（**k-平均法**）について学ぶ.その前にまず,データが「似ている」ということについて考えてみる.

似ているということを定量的に測る基準として,**距離**を用いることが多い.距離にはユークリッド距離だけではなく,目的に応じてさまざまなものがある.例えば,マンハッタン距離,チェビシェフ距離,マハラノビス距離などがある.場合によっては独自の方法で距離を定義しても構わないが,距離空間 D は任意の点 $x, y, z \in D$ が下記の条件を満たさなければならない（距離の公理）.

(1) $d(x, y) = 0$ ならば $x = y$
(2) $d(x, y) = d(y, x)$
(3) $d(x, y) \leq d(x, z) + d(z, y)$

k-means 法によるクラスタリングは,データ間の距離を測る方法およびクラスタ数 k が与えられている下で動く.この手法の骨格は下記のようになる.

Step 1：データをランダムに k 個のクラスタに割り振る.
Step 2：クラスタの中心を求める.
Step 3：各データ x_i と各クラスタ中心の距離を求め,一番近い距離のクラスタ中心のクラスタへ割り当てを変える.
Step 4：上記 Step でデータの割り当て変更が発生しないか,変更した個数が設定値以下であれば終了する.そうでなければ,Step 2 に戻り繰り返す.

k-means 法では,初期値としてデータをランダムにクラスタ分割するため,安定性に欠けるという問題がある.また,クラスタ数 k を事前に見積もることが難しいという問題もある.このような問題点を改良した方法が提案されており,例えば x-means 法という方法もある.

5.9 データマイニングの重要性

1. データマイニングとは

> データマイニング
> (data mining)
>
> マイニングの本来の意味は，採鉱や採炭である．

データマイニングとは，膨大なデータから自動的な方法で知識を抽出することである．このとき，前節までで学んだ機械学習の技術も活用される．ただし，やみくもに知識を抽出するのではなく

① 役に立つ知識であること．
② 自明でない知識であること．
③ 人間にもわかりやすい知識であること．

という条件を満たしている必要がある．本によっては，データマイニングという代わりに，**データベースからの知識発見**（Knowledge Discovery in Databases：**KDD**）と呼んでいるものもある．違いもあるが本書では特に議論しない．

> この分類は巻末に示す参考文献に基づいている．

データマイニングで抽出することのできる知識をその性質により大まかに分類すれば次のようになる．どの知識を抽出するかにより，適用する手法が異なってくる．

① **分類**（classification）：データがいくつかのクラスに分割されているとき，データが所属するクラスを決める知識を獲得する．例えば，事故率の高い車と低い車ということを見分けるための知識である．

② **特徴付け**（characterization）：ひとかたまりのデータに対して，それらに共通する性質を説明する知識を見いだす．例えば，学生の成績データがあるときに，成績の良い学生に共通する知識である．

③ **相関**（association）：データの同時生起に関する知識を見いだす．例えば，ある故障が発生するときに同時に発生する可能性の高い別の故障に関する知識である．あるいは，ある商品を購入する客が同時に購入する可能性の高い商品に関する知識である．

④ **クラスタリング**（clustering）：データ間に類似性を見いだし，類似性の高いデータのグループ（クラスタ）に分割する．例えば，学生の複数科目の得点パターンからクラスタリングを

行う.各クラスタが一種の知識表現となる.

現実社会においては,さまざまな形式を使ってデータやデータベースが維持されている.それらの種類や特徴に応じたデータマイニング手法の開発が必要となる.ごく簡単に,主要なデータベース形式を以下にリストアップしておく.

- ⓐ **リレーショナルデータベース**(Relational DataBase:**RDB**):よく使われているデータの格納形式.表形式でデータを格納する.
- ⓑ **オブジェクト指向データベース**(Object-Oriented DataBase:**OODB**):オブジェクト指向に基づく表現形式でデータを格納する.複雑な構造をオブジェクトの関連として表現できるという特徴をもつ.
- ⓒ **XML データベース**(XML DataBase:**XML DB**):最近になって普及しはじめている.XML ドキュメント(第6章参照)を,ドキュメントの構造に従って保存したり検索したりすることが可能なデータベース.
- ⓓ **テキストデータベース**:テキスト(文字列)から構成される.上記の RDB や OODB との大きな違いは,この形式のデータベースには明確な構造がないことである.そのため構造なしのデータベースともいわれる.

> XML (eXtensible Markup Language)

本章では,決定木による分類知識のデータマイニングをまず学び,続いて相関ルールのデータマイニング手法について学ぶ.なお,多くのよく知られたデータマイニング手法の説明を割愛せざるを得なかったので,必要に応じて巻末の参考書を見ていただきたい.また,データマイニングを行うためにはいくつかのプロセス(工程)を重ねる必要がある.その概要についても学ぶ.

2. 実社会での期待

大多数の企業が,製品の製造に関するデータ,販売に関するデータ,顧客のデータなどさまざまな種類のデータを大規模に所有している.そうしたデータを活用したビジネス展開が必要となってきている.従来はデータに基づくのではなく,熟練者の経験や勘に頼る部分が大きかった.最近では,状況変化のスピードと変化の度合い

が高まってきているので，データマイニング技術などを導入して，データに基づいた科学的なビジネスの展開が期待されている．そうしたデータに基づく活動は**ナレッジマネジメント**（Knowledge Management：**KM**）と呼ばれている．ナレッジマネジメントを促進し，企業内での知識に基づいた合理的な経営活動を行うための知識担当重役（Chief Knowledge Officer：**CKO**）を置いている企業もあり，CKOをトップとしてデータマイニングをはじめとする知識管理やAIツール利用の促進が行われている．

> ナレッジマネジメントについては，参考文献に詳細な説明がある．

以下にデータマイニングの典型的な例を簡単にリストアップする．これ以外にも多くの現実の場面でデータマイニングが活用されている．

① 顧客の購買履歴から，どのような製品がどのような客層に売れるかのパターンを発見する．顧客名簿上でそのパターンに従ってダイレクトメールでの勧誘を行い，売上げアップとコスト削減を達成したい．

② 通信会社は通話明細記録（Call Detail Record：CDR）に関する膨大なデータをもっている．このデータから通話パターンを発見することで，むだのない効率的な設備投資をしたい．また，顧客の通話パターンに基づいて，魅力の高いサービスが提供できるようにしたい．

③ 金融業界ではマネーロンダリング（不正資金の浄化）防止が重要となっている．資金の動きに関するパターンを調べることで，不正な動きを速やかに察知できるようにしたい．

④ 食品業界では需要予測が重要な問題である．保存の難しい食品（例えば弁当）は，需要予測の精度が直接利益に影響する．データを使って精度の高い需要予測を行いたい．

■3. 知識獲得ボトルネックの解決

> エキスパートシステムについては，第1章で説明した．

知識獲得ボトルネックとは，エキスパートシステムに代表される本格的なAIシステム開発において，知識獲得がシステム開発上のボトルネック（障害）となることをいう．従来手法による知識獲得では，知識獲得を行うために次に説明する3タイプの専門家が必要であった．

① **分野の専門家**：その分野の専門家．例えば，医者や化学者などである．AI やコンピュータに関する知識はもたないかもしれない．

② **知識エンジニア（KE）**：AI の高度な知識をもち，コンピュータについてもある程度の知識をもつ．インタビュー技術など知識を引き出す技術も習得している．その分野の専門家にインタビューできるだけの分野の専門知識ももっている．

知識エンジニア (Knowledge Engineer：KE)

システムエンジニア (System Engineer：SE)

③ **システムエンジニア（SE）**：コンピュータの専門家であり，コンピュータシステムに関する詳しい知識をもっている．

図 5.17 に，KE と SE と分野の専門家が協調して知識獲得を行い，知識ベースを作成するイメージを示す．専門家は熟練度が高いほど，自らの専門的な判断の過程を明確にすることが難しくなるといわれている．そこで KE は，適切な質問をしたり，誘導を行ったりしながら分野の専門家から少しずつ知識を聞き出していく．そのために KE には，分野の専門家とある程度の専門的会話ができるだけの知識が要求される．

このような従来手法には次のような問題が生じる．

① **知識獲得の限界**：KE のインタビュー技術に頼る部分が大きく，獲得できる知識には限界がある．期待したほどの知識が得られないという失敗事例も報告されている．

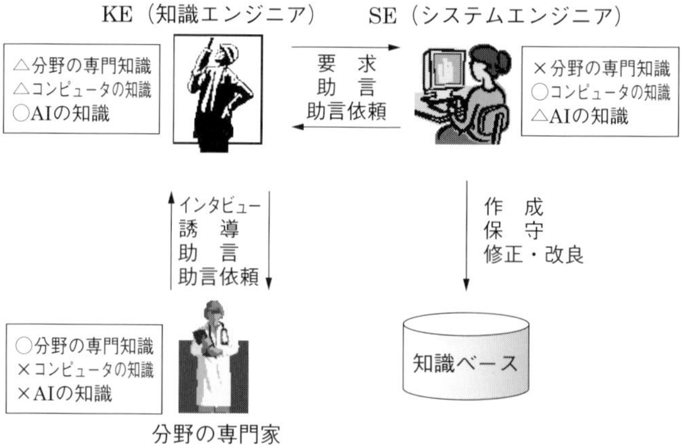

図 5.17　エンジニアと専門家の協調による知識獲得

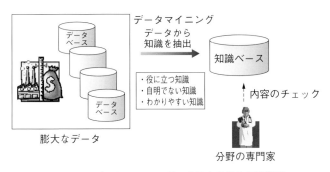

図 5.18 データマイニングによる自動的な知識獲得

② **コストの問題**：3 タイプの異なるスキルをもつ専門家が取り組む必要があり，人件費を含むコストの問題が発生する．定期的に知識ベースを更新しなければならず，そのたびに同様のコストが発生する．

こうした問題を解決するために，AI システムのための知識獲得手段としてのデータマイニングが期待されている．データマイニングによる知識獲得のようすを図 5.18 に示す．

5.10 相関ルールのデータマイニング

相関ルール (association rule)

相関ルールのデータマイニングとは，データの中で成立している相関的な関係を，相関ルールという形式で発見しようとするものである．単に**相関ルールマイニング**と呼ばれることもある．なお，機械学習のところで学んださまざまな手法もデータマイニングのために用いることができる．相関ルールについては，機械学習の手法としても利用可能ではあるが，主としてデータマイニングの分野で使われることが多い．

1. 相関ルールマイニングとは

相関ルールマイニングでは，表 5.12 のようなデータベースを対象とする．このようなデータベースをトランザクションデータベースという．一つの行が 1 件のデータであり，**トランザクション**

(transaction) である．トランザクションとは，コンピュータシステムにおける処理の単位である．例えば，商店などにおける1回の販売履歴である．表中のID番号はトランザクション識別のために一意の名前を付けたものである．トランザクション中に出ている卵やビールのような要素を**アイテム**という．トランザクションデータベースは，実社会で最も普通に見られるものなので，これ以外にも極めて多くの例がある．

アイテム（item）

表5.12　トランザクションデータベースの例

ID番号	アイテム集合
T_1	{卵，ビール，ジュース，茶，新聞，週刊誌}
T_2	{ガム，チョコレート，新聞}
T_3	{チョコレート，ガム}
T_4	{新聞，茶，ビール}
T_5	{ジュース，茶，新聞}

バスケット解析 (basket analysis)

マーケティングなどの分野において，以前から**バスケット解析**という手法が適用されてきた（図5.19）．相関ルールマイニングが誕生した理由の一つは，バスケット解析をもっと強力にするという目的である．相関ルールマイニングを行うことにより，例えば，

① ビール，新聞→茶
② チョコレート，ガム→ビール

のようなルールが発見される．→という記号は「ならば」であり，左辺ならば右辺という IF-THEN ルールと同じである．最初のルールは，ビールと新聞を買う客は同時に茶も買う場合が多いことを示

IF～THENで書いてもかまわないのであるが，この分野の他の文献と同様の表現をしている．

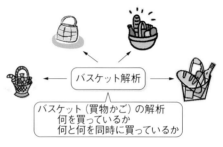

図5.19　バスケット解析

している．2番目のルールは，チョコレートとガムを買う客は同時にビールも買うことが多いことを示している．このようなルールが発見されれば，互いの売場を近づけるなどの具体的な売上げ向上対策を行うことができるようになる．相関ルールマイニングは，実際の産業界でそのような目的に使われていることが多い．

▍2. 基本的な定義

相関ルールマイニングの詳細な方法を説明する．説明の都合上，表 5.13 のデータベースを用いる．まずいくつかの記号や用語を定義しておく．

表 5.13 トランザクションデータベースの例

ID 番号	アイテム集合
T_1	$\{I_1, I_2, I_3, I_4, I_5, I_6\}$
T_2	$\{I_1, I_2, I_7\}$
T_3	$\{I_1, I_2, I_8\}$
T_4	$\{I_1, I_2, I_9\}$
T_5	$\{I_1, I_2, I_3, I_7, I_8, I_9\}$
T_6	$\{I_1, I_9\}$
T_7	$\{I_1, I_3, I_4, I_7\}$
T_8	$\{I_1, I_3, I_4\}$
T_9	$\{I_1, I_3\}$

A をアイテム集合とするとき，A を含むトランザクション集合を $T[A]$ と書く．例えばこの表の例で，$A=\{I_1, I_3\}$ のときは，$T[A]=\{T_1, T_5, T_7, T_8, T_9\}$ となる．集合の要素数を示すために # という記号を使う．この場合は，$\#T[A]=5$ である．

共通要素を含まないアイテム集合 X と Y ($X \cap Y = \phi$) に対し，$X \rightarrow Y$ の形式を相関ルールといい，次式で定義される s を相関ルールの**支持度**（support），c を**確信度**（confidence）という．ただし，N はデータベース中の全トランザクション数を示す．

$P(Y|X)$ は条件付き確率である．

$$s = \frac{\#T[X \cup Y]}{N} = P(X \cup Y)$$

$$c = \frac{\#T[X \cup Y]}{\#T[X]} = P(Y|X)$$

支持度はデータベース中に X と Y が出現している確率であり，確信度は X のもとで Y が起きる条件付き確率である．すぐに確認できるように，$0 \leq s \leq 1$ および $0 \leq c \leq 1$ が成立する．

$X \to Y$ という相関ルールは，ルールの条件 X が成立したときに帰結 Y が成立する確率（条件付き確率）が確信度で与えられる．支持度は，データベース中のどの程度のトランザクションに対してこのルールが適用できるかの割合を示しており，ルールの汎用性の指標である．

【例 5.1】 表 5.11 のデータで，$X=\{I_7\}$，$Y=\{I_1, I_3\}$ とする．$T[X]=\{T_2, T_5, T_7\}$，$T[X \cup Y]=\{T_5, T_7\}$ となる．したがって，相関ルール $X \to Y$ の支持度は $s=2/9=0.22$，確信度は $c=2/3=0.67$ となる．支持度から X と Y を含むデータが全体の約 22% に出現することがわかり，信頼度から X を含むデータの約 67% には Y も同時に出現していることがわかる．

相関ルールマイニングとは，二つの実数値 $0 \leq s_{\min}$，$c_{\min} \leq 1$ が与えられたとき，支持度が $s_{\min}$ 以上でかつ確信度が $c_{\min}$ 以上のすべての相関ルールを見いだすことである．与えられる $s_{\min}$ と $c_{\min}$ をおのおの**最小支持度**，**最小確信度**と呼ぶ．

最小支持度（minimum support）
最小確信度（minimum confidence）

現実の相関ルールマイニングでは，膨大な数のトランザクションを扱うので，高速な処理方式の実現が重要な課題となる．この分野の先駆者的な方式である**アプリオリ**（Apriori）**アルゴリズム**がある．現在では，さらに高速な手法が開発されて利用されているが，本書では理解容易性のため，アプリオリアルゴリズムの概要を説明する．

与えられた最小支持度 $s_{\min}$ に対し，それ以上の支持度をもつアイテム集合 X を**頻出アイテム集合**という．X の要素数が k のとき，サイズ k の頻出アイテム集合という．

頻出アイテム集合（frequent itemset）

アプリオリアルゴリズムでは，直接相関ルールを探索するのでは

なく，次の2ステップに分けて実行される．

ステップ1：トランザクションデータベース全体を探索し，すべてのサイズの**頻出アイテム集合**全体Fを求める．

ステップ2：上記ステップで求めたFを探索し，与えられた最小確信度以上のすべての相関ルールを生成する．

以降では，これらの二つのステップを行う手法について説明する．

3. 頻出アイテム集合の探索

相関ルールマイニングは二つのステップに分けて実行されることを述べた．現実問題では，対象のトランザクションデータベースDが極めて大規模であるために，D全体の探索を行うステップ1の実行が相関ルールマイニング処理時間の大きな割合を占める．したがって，このステップの高速化は極めて重要である．

頻出アイテム集合の探索もステップごとに行われる．ステップ1では，サイズ1の頻出アイテム集合全体を求めF_1とする．ステップ2では，F_1を使ってサイズ2の頻出アイテム集合候補C_2を生成する．そして，C_2をデータベースと照合して，真のサイズ2の頻出アイテム集合全体F_2を求める．以下同様にして，サイズkの頻出アイテム集合全体F_kからサイズ$k+1$の候補C_{k+1}を求め，データベースとの照合を行ってサイズ$k+1$の頻出アイテム集合全体F_{k+1}を得る．このアルゴリズムの詳細を図5.20に示す．

> このアルゴリズムでは，むだな候補が生成されないように，巧妙な工夫がされている．

このアルゴリズムを使って表5.13に対する頻出アイテム集合を求めるようすを示す．最小支持度は0.3とする．図5.21の左側に示すように，サイズ1の頻出アイテム集合全体は

$$F_1 = \{\{I_1\}, \{I_2\}, \{I_3\}, \{I_4\}, \{I_7\}, \{I_9\}\}$$

となる．表の右側に示すように，サイズ2の場合には

$$F_2 = \{\{I_1, I_2\}, \{I_1, I_3\}, \{I_1, I_7\}, \{I_1, I_9\}, \{I_2, I_3\}, \{I_2, I_7\}, \{I_3, I_4\},$$
$$\{I_3, I_7\}\}$$

となる．サイズ3の候補集合C_3は

$$C_3 = \{\{I_1, I_2, I_3\}, \{I_1, I_2, I_7\}, \{I_1, I_2, I_9\}, \{I_1, I_3, I_7\}, \{I_1, I_3, I_9\},$$
$$\{I_1, I_7, I_9\}, \{I_2, I_3, I_7\}, \{I_3, I_4, I_7\}\}$$

のようになる．例えば$\{I_2, I_3, I_9\}$のような要素はC_3に入っていない．$\{I_2, I_9\}$が頻出アイテム集合ではないので，それを含む$\{I_2, I_3,$

> **頻出アイテム集合を求める手順**
> 1. **サイズ 1 の処理**：データベースに出現するアイテム全体を求め，サイズ 1 のアイテム集合全体の候補 C_1 とする．C_1 の各要素と，データベースとの照合を行い，最小支持度未満で出現する要素を C_1 から除去し，サイズ 1 の頻出アイテム集合全体 F_1 を得る．
> 2. **候補生成ステップ**：サイズ k の頻出アイテム集合全体 $F_k=\{f_1, \cdots, f_n\}$ が得られているとする．各 f_i の内部はアイテム番号が若い順にソートしておく．$f_i(x)$ で f_i の x 番目の要素を表す．f_i と f_j とが，k 番目の要素以外がすべて等しい（$f_i(1)=f_j(1), f_i(2)=f_j(2), \cdots, f_i(k-1)=f_j(k-1)$）とき，この二つからサイズ $k+1$ の頻出アイテム集合候補を $\{f_i(1), f_i(2), \cdots, f_i(k), f_j(k)\}$ として生成する．条件を満たすすべての f_i と f_j について候補をつくり，それを C_{k+1} とする．
> 3. **検証ステップ**：すべての頻出アイテム集合候補 $x \in C_{k+1}$ に対し，データベースと照合し，その支持度が $s_{\min}$ 未満なら x を C_{k+1} から除去する．すべての x について処理が終われば，サイズ $k+1$ の頻出アイテム集合全体 F_{k+1} が得られる．
> 4. **繰返し**：前ステップで $F_{k+1}=\phi$ となっていれば，これ以上のサイズの頻出アイテム集合は得られないので停止する．頻出アイテム集合全体は $F=\cup_i F_i$ となる．$F_{k+1} \neq \phi$ ならば，$k=k+1$ として，候補生成ステップに戻って繰り返す．

図 5.20　すべての頻出アイテム集合を求めるアルゴリズム

$I_9\}$ が頻出となることはあり得ないからである．アルゴリズムで，むだな候補を生成しないように工夫されていることがわかる．サイズ 3 および 4 の場合を図 5.22 に示す．サイズ 4 以上の頻出アイテム集合は存在しない．この例からも推測できるが，通常の場合には，サイズ 2 や 3 などの小さい頻出アイテム集合が膨大な数存在することが多い．サイズが大きくなるに従って，急速に頻出アイテム集合数が減少するようになる．

4. 頻出アイテム集合から相関ルールへ

最小支持度 $s_{\min}$，最小確信度 $c_{\min}$ の相関ルール $X \to Y$ を考える．相関ルールの定義から $X \cup Y$ は頻出アイテム集合であり，先のステップで求めた頻出アイテム集合全体 $F=\cup_i F_i$ に含まれている．したがって，以下の手順を実行することですべての相関ルールを発見することができる．

1. 頻出アイテム集合全体 $F=\cup_i F_i$ から要素 $Z \in F$ を取り出す．

5.10 相関ルールのデータマイニング

候補	出現数(支持度)	頻出か
$\{I_1\}$	7 (0.78)	YES
$\{I_2\}$	7 (0.78)	YES
$\{I_3\}$	6 (0.67)	YES
$\{I_4\}$	3 (0.33)	YES
$\{I_5\}$	1 (0.11)	NO
$\{I_6\}$	1 (0.11)	NO
$\{I_7\}$	4 (0.44)	YES
$\{I_8\}$	2 (0.22)	NO
$\{I_9\}$	3 (0.33)	YES

候補	出現数(支持度)	頻出か
$\{I_1, I_2\}$	5 (0.56)	YES
$\{I_1, I_3\}$	4 (0.44)	YES
$\{I_1, I_4\}$	2 (0.22)	NO
$\{I_1, I_7\}$	4 (0.44)	YES
$\{I_1, I_9\}$	3 (0.33)	YES
$\{I_2, I_3\}$	5 (0.56)	YES
$\{I_2, I_4\}$	2 (0.22)	NO
$\{I_2, I_7\}$	3 (0.33)	YES
$\{I2, I_9\}$	2 (0.22)	NO
$\{I_3, I_4\}$	3 (0.33)	YES
$\{I_3, I_7\}$	3 (0.33)	YES
$\{I_3, I_9\}$	1 (0.11)	NO
$\{I_4, I_7\}$	1 (0.11)	NO
$\{I_4, I_9\}$	0 (0)	NO
$\{I_7, I_9\}$	1 (0.11)	NO

図5.21 頻出アイテム集合（最小支持度0.3）探索（その1）

候補	出現数(支持度)	頻出か
$\{I_1, I_2, I_3\}$	3 (0.33)	YES
$\{I_1, I_2, I_9\}$	3 (0.33)	YES
$\{I_1, I_2, I_7\}$	2 (0.22)	NO
$\{I_1, I_3, I_7\}$	3 (0.33)	YES
$\{I_1, I_3, I_9\}$	4 (0.44)	YES
$\{I_1, I_7, I_9\}$	1 (0.11)	NO
$\{I_2, I_3, I_7\}$	2 (0.22)	NO
$\{I_3, I_4, I_7\}$	1 (0.11)	NO

候補	出現数(支持度)	頻出か
$\{I_1, I_2, I_3, I_7\}$	2 (0.22)	NO
$\{I_1, I_3, I_7, I_9\}$	1 (0.11)	NO

図5.22 頻出アイテム集合（最小支持度0.3）探索（その2）

2. Zを共通部分のないXとYに分割する（$Z=X\cup Y$）．$X\to Y$の確信度を計算し，最小確信度以上であれば相関ルールとなる．
3. 上記をFのすべての要素について繰り返す．

上記の手続きは原理的なものなので，冗長性が含まれている．効率を改良した方法が開発されているが，一般の場合には，頻出アイ

■5. オントロジー利用の相関ルールマイニング

オントロジー
(ontology)

オントロジーについては第7章でも説明する．ここでは単純に，概念間の階層関係を示す知識をオントロジーと考えればよい．この場合は，アイテムが概念に対応する．相関ルールマイニングにオントロジーを利用する方法が開発されている．その概要を説明する．

現実のデータベースは，詳細な情報のアイテムにより記述されていることが多い．例えば先に表5.12で見たデータベースで，単純に「ビール」となっているアイテムも現実にはもっと詳細である．「A社ラガービール350ミリ缶10月10日東京工場製造」などの情報となっている場合が多い．現実のトランザクションデータベースに直接相関ルールマイニングを適用しようとすると，このような詳細なアイテムのレベルで処理を行うことになる．これには次のような問題がある．

① アイテムの些細な違いが区別されるため支持度が低くなり，相関ルールとして抽出されるものが少なくなる．「ビール」と考えれば成立するルールが，上の例のように詳細な違いまで区別すれば見逃される．

② データマイニングの利用者ごとに，必要とする情報の詳細レベルは異なっている．あまりに詳細な情報は無用な場合があり，むしろ細部の違いを無視した抽象的なレベルの情報が必要なときもある．

図5.14では，上にあるものが上位概念になっている．

オントロジーを使って得られた相関ルールは，一般化相関ルール(generalized association rule)と呼ばれることもある．

このような問題を解決するために，アイテムに関するオントロジーを利用する相関ルールマイニングが考案されている．図5.23に酒類についての簡単なオントロジー例を示す．オントロジーを用いる相関ルールマイニングの概念を図5.24に示す．

オントロジーのもとでの相関ルールマイニングは，最も単純には，もとのトランザクションデータベースをオントロジーによって書き換え，そのうえで通常の相関ルールマイニングを適用すればよい．データベースの書換えは次のように行う．

1. トランザクション中の全アイテムに対し，与えられたオント

5.10 相関ルールのデータマイニング

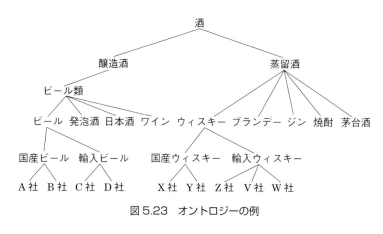

図 5.23　オントロジーの例

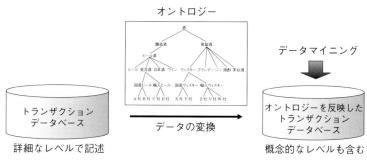

図 5.24　オントロジーのもとでの相関ルールマイニング

ロジー上でのアイテムのすべての上位概念をトランザクションに追加する．
2. 上記の上位概念の追加作業をすべてのトランザクションに対して行う．

図 5.21 のオントロジーのもとでの書換え例を図 5.25 に示す．最も単純な方法には次のような問題がある．

① 上位概念のアイテム追加でデータベースが大きくなり，処理時間が増大する．
② オントロジーとして与えられた知識を再発見してしまう．例えば，ビール→酒のような知識が見つかる．すでに既知の知識であるため，これらの発見は無意味である．

本書では省略するが，このような問題点を克服するための方法が

153

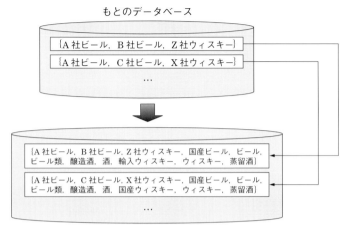

図 5.25　オントロジーによるトランザクションデータベースの書換え

開発されている．

5.11　データマイニングプロセス

多くの企業や組織が膨大なデータを所有している．しかし，それらのデータに対して，本章で説明したデータマイニング手法をそのまま適用できるわけではない．仮に直接の適用が可能であったとしても，あまり意味のない結果となることが多いだろう．役に立つデータマイニングを行うためには，本節で説明する一連の**プロセス**に従う必要がある．

> さまざまなデータを 1 か所に集約したものをデータウェアハウス (data warehouse) という．

データマイニング全体の流れは図 5.26 に示すようになる．これは Fayyad らの提案に従うものである（詳細は参考文献を見ていただきたい）．この図の各タスクについて説明する．

① **データ収集**：大量のデータベースが手元にあっても，本当に必要なデータが含まれていない可能性もある．別々のデータベースに分かれて格納されていることもあれば，全く別の組織から必要なデータを入手する必要があることもある．例えば商店でデータマイニングを行うとき，気象やイベントの情報，テ

5.11 データマイニングプロセス

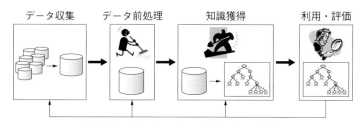

図 5.26　データマイニングプロセスの流れ

レビ放送の内容データなどが役に立つかもしれないが，適当な手段で入手しなければ手に入らない．十分なデータを収集するという作業は重要である．

② **データ前処理**：前処理にはさまざまな作業が含まれている．欠損値の扱いやエラーの除去・修正も重要である．現実のデータはさまざまな種類のエラーを伴っている．例えば，入力すべき値が入力されていない，身長が 500 cm というようなあり得ない値が入っている，などはよく起きる事態である．データ入力ミス（漢字を間違えたり，英語のスペルを間違える）に対しても，対応方法を明確にしておく必要がある．ここでの作業をデータクリーニングと呼ぶこともある．

> データクリーニング（data cleaning）

③ **知識獲得**：文献によっては，この段階だけを取り出してデータマイニングと呼んでいるものもある．これ以前の作業で準備されたデータに対して，回帰分析，決定木，あるいは相関ルール，ニューロといった手法を適用し知識の獲得を行う部分である．

④ **知識利用と評価**：獲得した知識を利用し，その評価を行う．問題が発生すれば，必要に応じて適切な作業段階へ戻ってやり直す．例えばデータが不足していると思われたらデータ入手に戻るし，前処理に不足があればそこに戻る．知識獲得手法に問題があるのなら，別の手法を適用するということになる．

データマイニングを現実社会での大規模なデータに適用するに当たっては，データ中に含まれる個人情報が漏洩しないように保護するなどセキュリティ上の対策が重要となる．データマイニングの実行により，元のデータからは直ちにはわからない隠された個人のプ

ライバシー侵害となる事実が発見されることもあるので，慎重な配慮が必要である．

　本章で学んだ技術のプログラム実装は手間がかかるが，フリーソフトウェアを使って簡単に実行することができる．そのようなソフトはWeb上で検索すれば複数のものが見つかる．代表的なものとしては，ニュージーランドのWaikato大学で開発されて提供されているWekaというツールがある．パーソナルコンピュータ上に容易にインストールできるので使ってみることをお勧めする．日本語でのまとまった解説書は出ていないようであるが，Web上ではこれを解説したサイトがいくつか公開されているので参考になる．また，Rというフリーソフトはデータ解析を容易にするための一種のプログラム言語であり，豊富な関数が準備されすぐに実行できるようになっている．データマイニングの各種手法も組み込んで使うことができる．日本語の参考書が多数出版されているし，Web上でも多くの情報を入手できる．

5.12　これからの発展

　人工知能の技術は確実に人間に近づいてきている．2016年の時点では限定された分野の中での狭いAIであるが，人間に匹敵する能力を発揮するだけではなく，状況によっては人間を凌駕する能力をもつようになってきている．さまざまな製品に組み込まれたりするなど，実社会での実用化も急速に進んでいる．近年の研究開発の特徴として，大学，研究機関，企業での研究開発成果がインターネット上で公開されて，一般に利用可能になっている．AIの分野でも例外ではない．これらをうまく利用することで，高度なシステム開発が容易になることがある．例えば，クイズの分野でトップレベルの人間と同等の力をもつAIシステムの一部のAPIをはじめとして，実績あるAIシステムを一般に利用できる状況になっている．クラウド上のサービスとして，機械学習などのAIツール提供も増えてきている．このような状況については第8章で学ぶ．

　センサー技術の発展やIoTにより，多種多様なデータが大規模

演習問題

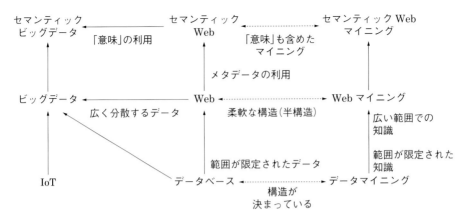

図5.27　ビッグデータとセマンティックWebを取り巻く状況

API（Application Programming Interface）コンピュータのアプリケーンを外部から利用するためのインタフェース．

IoT（Internet of Things）すべてのモノをインターネットに接続しデータ利用できるようにする仕組み．

RDF（Resource Description Framework）データの意味を規定するための仕組み．第7章で学ぶ．

に蓄積されるようになっている．これらは**ビッグデータ**と呼ばれている（第8章で学ぶ）．ビッグデータ活用の核として，データマイニングをはじめとするAIの技術がある．今後はさらにその活用が進むことは当然であるが，第7章で学ぶセマンティックWebの技術の活用も期待されている．ビッグデータはさまざまなデータの集まりであるため，整理されていない生の状態である．さまざまなデータの意味を解釈し結合する技術として，セマンティックWebのために開発された技術が利用できる．とくに，RDFによるデータの意味記述は期待されており，すでに活用が始まっている．ビッグデータとセマンティックWeb技術の融合は近い将来の課題である．この状況を図5.27にまとめた．

演習問題

問1 データマイニングを活用した新たなビジネスを考えてみよ．アルバイトをした経験のある人なら，その職場でデータマイニングの技術を使えないか考えてみよ．

問2 正しくつくられたサイコロについて，X=「サイコロを振って出る目」とする．Xの情報量を計算せよ．偶数しか出ないように不正につくられたサイコロの場合にはどうなるか．さらに，2と4の目しか出ない場合，2の目しかでない場合はどうなるかも計算

してみよ.

問3 相関ルールで支持度 s と確信度 c に対して，$0 \leq s, c \leq 1$ が成立することを証明せよ.

問4 相関ルールマイニングでは，最小確信度を非常に小さな値として（例えば，0.01 や 0.001 など）実行されることがある．その理由を考えてみよ.

問5 個人情報の保護は重要である．データマイニングにおける個人情報保護について考えてみよ.

第6章
知識モデリングと知識流通

　情報処理・IT技術に関連する状況は大きく変化し続けている．コンピュータ利用者の嗜好や希望も絶えず変化している．AIシステムが効果を発揮するためには，社会の状況や動向に速やかに対応できなければならない．開発に手間取るようでは，世の中の動きに遅れてしまい，知的とは言えなくなってしまう．こうした状況において，UMLによる知識モデリングをベースとしたシステム開発技術，XMLによるインターネット上での知識流通技術が重要となっている．本章ではそれらの概要を学ぶ．

■6.1　知識モデリングの目的

　知識モデリングとは，現実の対象に関する知識をモデルにより表現することである．現実の対象はさまざまな要素から構成されているが，ある目的の達成のためには，考慮する必要がないものも含まれている．不要なものを捨て去り，目的のために本質的な部分のみを取り出す．そして，単純な構成要素や概念に分割し，それらを用いて対象を明確に表現したものがモデルである．第4章では，意味ネットワークやフレーム表現で知識を表現する例を示した．これらも，モデルの例といえる．なおソフトウェア工学では，システムモ

デリングや概念モデリングという用語が用いられることが多い．本書では，AIシステムの開発には，対象に対するさまざまな観点からの知識のモデル化が必要であるとの立場から，**知識モデル**や**知識モデリング**という言葉を使う．

知識モデリングの有効性を，図6.1により説明する．AIにより高度な制御処理を行うエアコンの開発を考えてみよう．従来の開発手法では，まず，システムへの要求（システム仕様）に対して，それを実現するためにはどのような機能が必要となるかをすべて見いだす．そして，各機能を実現するための知識の組込みや，実装のための設計を行う．システム仕様から機能への分解は，容易ではない困難な作業である．システム仕様に変更が生じた場合には，あらゆる機能へ多くの影響が及び，最初からやり直しとなることもある．また，類似したエアコンの開発に過去の設計事例を適用することも容易ではない．一方，知識モデリングを用いる方法では，システムに必要な本質的な要素を明確にした知識モデルをまず作成する．機能や制御のための知識は，このモデルの中に組み込まれる．仕様の変更に対しては，それがモデルに及ぼす影響を調べることで比較的容易に対応できる．モデルの類似性に基づいて，過去の設計事例を

要求（requirement）

仕様（specification）

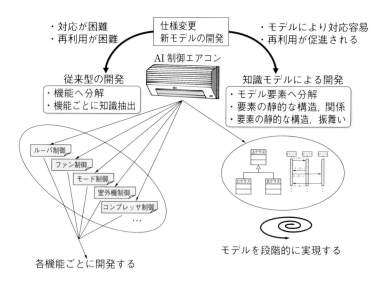

図6.1　従来型の開発とモデルを用いる開発

再利用することも容易となる．知識モデリングを用いる手法の利点を以下にまとめておく．

① システム全体の本質的な要素がモデル中に表現されるので，モデルを用いてシステム全体の把握や検証ができる．

② システムの変更に対し，モデルの変更による迅速な対応が可能となる．

③ 類似のシステムに対して，モデルのレベルでの再利用が可能となり，開発コストが減少する．

フレーム表現や意味ネットワークなどの従来からの知識表現手法によっても，ある程度の知識モデリングは可能である．しかし，次のような問題点がある．

> 産業界においては，標準化された方法を使うことが重要視されている．

① 表現手法が限られており表現能力が十分ではない．

② 標準化が十分ではなく，組織や個人ごとに細部の解釈が異なることがあり，曖昧さが生じる恐れがある．

③ 知識表現とその後のシステム開発との間にギャップがある．知識表現が，詳細設計や実装（プログラミング）などの開発工程と円滑につながらない．

④ 最新のソフトウェア開発技術との親和性や相互利用性に乏しい．

6.2 UMLによるモデリング

> UMLがどのような組織で検討されているかは演習問題である．

従来手法の欠点を克服するものとして，**UML**（Unified Modeling Language）と呼ばれるモデリング言語が急速に広まっている．UMLは次のような特長をもっている．

① 従来の知識表現手法の利点を融合した強力な表現能力をもっている．

② 国際的な標準化が進んでおり，世界共通のモデリング言語として利用できる．

> ダイアグラム(diagram)

③ 図（ダイアグラム）を中心としたわかりやすい表現を採用している．ダイアグラムの意味については，国際標準規格の中で正確に定められているので，曖昧さは生じない．

④ ソフトウェア開発全体を通じての利用が最初から想定されている．

⑤ 最近のソフトウェア開発技術との親和性が高く，開発ツールも豊富に流通している．

UMLによる知識モデリングを説明する．複雑なシステムのモデリングを行う場合，さまざまな側面をもつ知識を一度に表現することはできない．いくつかの観点に立ち，おのおのの観点からの知識を記述するという方法が妥当である．例えば，三次元の立体を二次元の図面で表現するとき，一つの方向から見ただけでは把握できないので，複数の方向から見て三面図で表すということと類似である．図 6.2 の左側に示すように，3 種類の図面を総合することで，立体全体が把握できるようになる．

図 6.2 の右側に示すように，UML では二つの軸に従って対象を捉える．一つの軸は，論理的な面に着目するか，逆に物理的に着目するかである．もう一つの軸は，対象の静的な面を見るか，動的な面を見るかである．以下に要点をまとめておく．

論理的（logical）

① **論理的な見方**：対象を論理的に見る立場．対象を構成する論理的な要素を明確にしたり，それらの論理的な構造や関係を明確にする立場．

物理的（physical）

② **物理的な見方**：対象の物理的な構造を見る立場．例えば，論

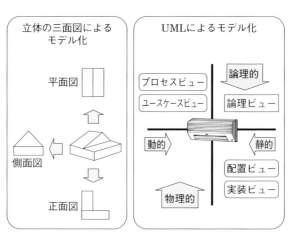

図 6.2 複数の視点から表現する

理的には一つの単位が物理的には複数に分けて実現されている可能性もある.

③ **静的な見方**：対象の定常的な状況に着目する立場.
④ **動的な見方**：対象が処理を実行するときの状況に着目する立場.

これらの組合せにより四つの異なる立場があることになる（図6.2）．論理的かつ静的な見方には，論理ビューがある．論理的かつ動的な見方に立つものは，ユースケースビューとプロセスビューである．物理的かつ静的な見方に立つものに配置ビューと実装ビューがある．

> 静的（static）
> 動的（dynamic）
>
> ビュー（view）
> 論理ビュー（logical view）
> ユースケースビュー（usecase view）
> プロセスビュー（process view）

UMLではこれらのビューで対象を見たときの知識を，図（ダイアグラム）を使って表現する．1種類のダイアグラムでは表現力が不足するので，複数のダイアグラムが提供されている．主なダイアグラムの一覧を表6.1に示す．これらを全部使ってモデルを表現する必要はなく，必要なものを選択的に使えばよい．

表の中にクラス図とオブジェクト図という二つのダイアグラムがあるが，クラスとオブジェクトについて簡単に説明する．これら

表6.1 UMLで使う主要なダイアグラム

名　称	概　要	関連するビュー
クラス図	クラスがもつ属性や操作を記述し，クラス間の関係や構造を示す．	論理ビュー
オブジェクト図	オブジェクトおよびオブジェクト間の関係や構造を示す．	論理ビュー
アクティビティ図	アクティビティ(作業)を行う際の手順，条件判断，条件分岐などを示す．	プロセスビュー
コラボレーション図	オブジェクト間の関係やオブジェクト間を流れるメッセージを示す．	プロセスビュー
シーケンス図	メッセージに注目した，オブジェクト間の相互作用を，時系列に沿って示す．	プロセスビュー
状態図	オブジェクト内部の状態変化を示す．	プロセスビュー
ユースケース図	ユーザから見たときのシステムの動作を示す．	ユースケースビュー

は，ソフトウェア工学でのオブジェクト指向（コラム参照）という考え方に基づくものである．

① オブジェクトは実在の事物（モノ）のことである．例えば，「このエアコン」や「我が家の自動車」などである．
② クラスはオブジェクトを一般化した概念的なモノである．逆に，オブジェクトは，クラスのインスタンス（具体化）である．「（一般の）飛行機」，「（一般の）乗り物」などはクラスである．
③ 対象中の具体的事物について語るときにはオブジェクトを用い，一般的な知識を語るときにはクラスを用いるとよい．

UMLによる知識モデリングでは，クラス，オブジェクト間の関係や静的な構造を，主として表6.2に示す観点から明確にする．その結果はクラス図やオブジェクト図に表現される．おのおのを表現する表記法が決まっている．図6.3にクラス図で用いるごく一部を示す．図中の(b)は汎化の関係を示しており，クラスAはクラスBおよびクラスCよりも一般的な概念である．(c)は集約の関係

Column　オブジェクト指向

オブジェクト指向はソフトウェアにおける重要な考え方である．従来のソフトウェアでは，機能や操作に重点を置くのに対し，機能や操作の対象となる事物（モノ＝オブジェクト）に重点を置くという立場である．我々が現実世界のモノを操作するとき，モノの内部構造を知る必要は通常はない．例えばエアコンというモノに対しては，運転や停止という操作があることだけを知っていれば十分である．モノ（エアコン）の中身が変わったとしても，操作が同じなら問題は生じない．このような発想に基づき，オブジェクト指向ではソフトウェアを独立性の高いオブジェクトの集まりとして構成し，オブジェクトがメッセージ交換し，操作依頼を行いながら処理を行うようにする．オブジェクトの独立性の高さのため，仕様変更に強く再利用性の高いシステムが構築できるようになる．実際には，データとそれを操作するメソッドを一つにまとめたものがオブジェクトとなり，その内部構造を知ることなしに，外部からオブジェクトのメソッドを呼び出して処理を行うことができる．オブジェクト指向を実現するプログラム言語として，Smalltalk，C++，Javaなどがよく使われている．知識表現の研究とオブジェクト指向の研究は相互に深い影響を与えている．UMLでの知識モデリングは，オブジェクト指向の考え方に基づいている．

6.2 UMLによるモデリング

表6.2 クラスやオブジェクトの関係

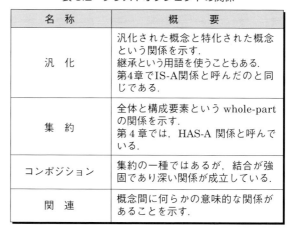

汎化 (generalization)
継承 (inheritance)

集約 (aggregation)

コンポジション (composition)

関連 (association)

汎化や集約はクラスを結ぶ線が矢かダイヤモンドで示される.

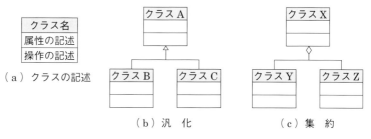

図6.3 クラス図での表記法（一部）

であり，クラスYとクラスZがクラスXを構成する要素であることを示す．

シーケンス図は，処理を実行するときにオブジェクト間で交換されるメッセージの状況を示すものである（図6.4）．上から下に流れる時間軸に沿って，各オブジェクトのメッセージを明確にする．オブジェクトから上下に伸びる破線上の一部が長方形となっている．これは，オブジェクトがメッセージに対応する操作を実行中という活性区間を示している．

活性区間 (activation)

クラス図とシーケンス図についてのみごく簡単に説明した．UMLの各ダイアグラムの表記法は細部まで規定されているが，本書の範囲を超えるので省略する．

第6章 知識モデリングと知識流通

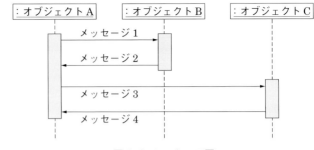

図6.4　シーケンス図

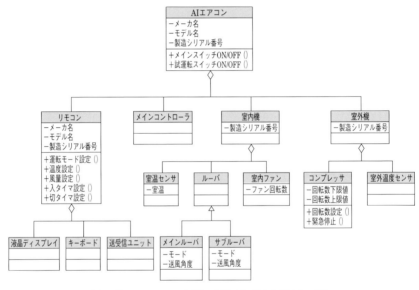

図6.5　エアコンの知識モデル例（クラス図の一部）

　家電製品のエアコンディショナに対するモデルのごく一部として，クラス図（図6.5）とシーケンス図（図6.6）を示す．実際の知識はもっと複雑であり，これらはUMLでのモデリングというイメージをつかんでもらうためのものである．

1. 論理的な知識の組込み

　UMLでは複数のダイアグラムを組み合わせて知識を可視化するため，理解が容易になるという利点がある．しかし一方で，ダイア

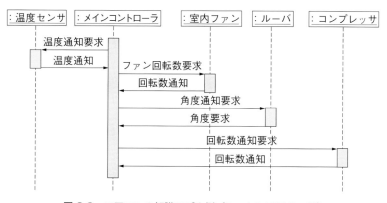

図6.6 エアコンの知識モデル例（シーケンス図の一部）

グラムだけでは，論理的に厳密な知識の記述には不向きである．UMLでは，述語論理に基づく形式的な知識記述ができる **OCL**（Object Constraint Language）という言語を提供している．ダイアグラム中で定義される要素に対して，OCLで厳密な知識を書くことができる．ダイアグラム中にOCLによる知識を付加することで，図によるわかりやすさと厳密さを両立したモデルとすることができる．例えば，以下のような論理的な性質がOCLで記述できるようになっている．

<small>OCLについても，UMLと同じ組織が国際標準化を進めている．</small>

<small>不変の論理的条件（invariant）</small>

① 必ず守られなければならない不変の論理的条件（invariant）．

<small>事前の論理的条件（precondition）</small>

② ある手順を実行する前に成立する事前の論理的条件（precondition）．

<small>事後の論理的条件（postcondition）</small>

③ ある手順を実行した後に成立する事後の論理的条件（postcondition）．

OCLで記述された知識に対しては，述語論理の場合と同様にして，推論したり検証したりすることが可能となってくる．

2. モデルに基づくシステム開発

<small>ソフトウェア開発を支援するツールを CASE（Computer Aided Software Engineering）ツールという．</small>

一般に，システムの開発は図6.7のような工程に従って行われる．UMLを用いて，分析段階で作成される知識モデルを詳細化，具体化することで設計を行うことができるようになっている．また，UMLによる知識モデルの整合性を検証するツールも開発されてい

る．ダイアグラムからプログラムコードの一部を自動生成するツールもある．このようなツールを利用することで，初期の知識モデル作成から，最終的なシステム実装に至るまで，UMLをベースとした連続的な作業が可能となる．このため，システム開発が迅速化でき，コスト削減もできる．

AIシステムが効果を発揮するためには，社会の状況や技術動向に速やかに対応する必要がある．開発に手間取るようでは，世の中の動きに遅れてしまい，知的なシステムではなくなってしまう．こうした点からも知識モデリングをベースとしたシステム開発技術は重要となっている．

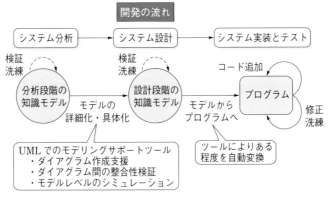

図6.7　知識モデリングからシステム実装までのプロセス

6.3　知識流通の技術

いまやほとんどのコンピュータシステムは，インターネットに接続されている．遠隔地の情報を容易に入手することができるし，自ら情報を発信することも容易である．複数のシステムが，知識を互いに交換しながら連携して知的な処理を行うという方式が重要になってきている．図6.8に，インターネット上での知的な旅行予約システムの構想を示す．旅行代理店は，顧客の希望や嗜好を考慮して旅行計画を立てる．そして，宿泊やフライト，バスツアー，鉄道

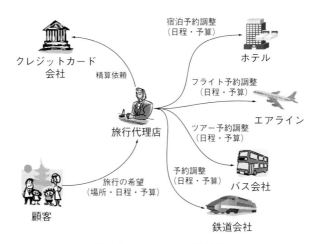

図 6.8 システムの知的連携

などの予約状況も参照して旅行計画を具体化し，予約確保や料金の請求代行まで行う．旅行代理店やホテル，各交通業者はおのおののシステムをもっており，それらはインターネットで接続され連携する．料金支払いのために，クレジット会社のシステムとの連携も必要となる．この例では，次のような知識の交換が必要となるだろう．より詳細な知識を交換するようにすれば，もっと高度で知的な処理が可能になる．

① **顧客に関するプライベートな知識**：家族構成や趣味，嗜好などや，経済的な信用，負債の情報など．

② **ホテルや部屋に関する知識**：所在地に関することや，部屋の状態に関することなど．

③ **交通手段に関する知識**：沿線の状況や渋滞状況，快適さに関することなど．

④ **観光地の知識**：気候，名所，景色，名産品などに関することなど．

図 6.9 に，従来型の AI システムと今後の AI システムの違いを示す．以降では，知識交換や流通を実現する技術と，それを応用するシステム開発技術について説明する．

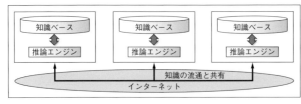

図6.9　従来のAIシステムと今後のAIシステムの違い

1. 知識流通に必要なこと

　知識の流通を実現するためには，各システムが知識を解釈して利用できなければならない．そのためには，次のような事項が要求される．

　① 各システムの内部処理の都合に依存せず，互いのシステムが独自に柔軟な処理を行えること．
　② 効率良く処理ができること．
　③ 特定のシステム間だけではなく，多くのシステムで利用できる汎用的な手法であること．

　このような要求を満たす方法について考えてみよう．そのためにまず，コンピュータ内部での知識の表現について考えてみる．大きく分けると，次の二つの方式がある（図6.10）．

バイナリ形式 (binary format)
　① **バイナリ形式**：処理の都合や効率に主眼を置く情報の表現形式．この形式では，内部表現に関する詳細な情報がなければ利用することはできない．

テキスト形式 (text format)
　② **テキスト形式**：通常のコンピュータで使われる汎用の文字コードだけで情報を表現する．他システムでも読み取ることは容易である．

　この比較から，知識を交換して他システムでも利用できるようにするためには，テキスト形式に従うほうが都合が良いことがわか

る．しかし，テキスト形式にするというだけでは，単なる文字の並びを見ることができるというレベルである．知識の流通という目的にはほど遠い．例えば，テキスト形式の一種であるCSV形式（コラム参照）で「父，太郎，一郎」という情報がある場合，どちらが父なのか不明である．送信者の意図とは逆に解釈してしまう恐れもある．読取りが容易だからといって，直ちに意味的な内容が伝達できるわけではない．

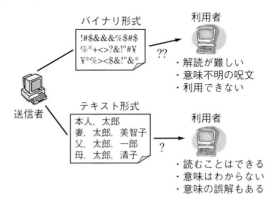

図6.10　バイナリ形式とテキスト形式

6.4　XMLによる知識表現と流通

1. タグによる要素の表現

先に指摘した問題を解決する手段として，マークアップ言語の一

CSV形式

ソフトウェア間でのデータ交換のために，CSV（Comma Separated Values）と呼ばれる形式がよく使われる．データをコンマ（,）で区切って並べるという単純な形式である．複雑な構造をもつデータに対しても，構造を直列化することでCSV形式で表現できる．ただし，構造をどのように直列化するのかの規定をデータの利用者の間で厳密に定めておく必要がある．その規定を守る限りはデータを交換することが可能となる．データ構造に変化が生じた場合には，修正した規約を改めて通知する必要がある．

XML (eXtensible Markup Language)
タグ (tag)
要素 (element)
属性 (attribute)

つである **XML**（eXtensible Markup Language）が急速に普及するようになっている．マークアップ言語とは，情報にマーク（タグ）を付加して，意味や処理などの指定ができるようにしたものである．XMLでのタグ付けのごく簡単な例を図6.11に示す．〈世帯主〉や〈配偶者〉を開始タグと呼び，〈/世帯主〉や〈/配偶者〉を終了タグと呼ぶ．開始タグとそれに対応する終了タグではさまれた部分を**要素**という（図6.12）．要素の直後の年齢や身長は**属性**と呼ばれ，要素に対する補足的な情報を表現している．このようにタグを使って，要素が明確にわかるようにしていることがXMLのポイントである．

```
<世帯主 年齢="35" 身長="170">太郎</世帯主>
<配偶者 年齢="30" 身長="160">美智子</配偶者>
```

図6.11　簡単なXMLによる記述例

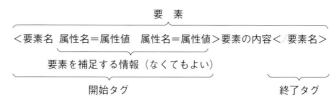

図6.12　XMLの要素

階層構造をもつ知識をXMLで表現することを考えよう．図6.13に示すように，XMLではタグを入れ子にすることで，木構造をした知識を表現することができる．木構造であるから，必ず唯一のルート要素が存在しなければならない．この場合にも，要素に対する付加的な情報を属性として表現することができる．図6.14には，家族関係という階層的な知識のXMLによる表現例を示している．

知識流通にXMLを使うことのメリットは次のようにまとめられる．

① 構造をもつ知識を容易に表現することができる．
② 構造はタグとして示されるため，構造に変化が生じた場合に他システムでも容易に対応することができる．
③ 国際的な標準規格となっており，共通技術として安心して利

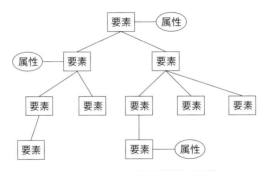

図 6.13 XML で扱う階層的な知識

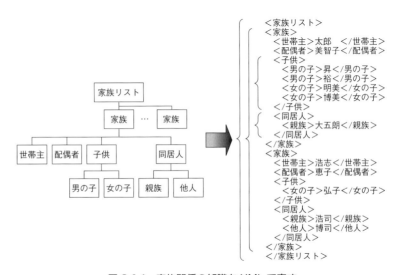

図 6.14 家族関係の知識を XML で表す

用できる.
④ 後述する XML プロセッサや XML データベースなどの豊富なツールを利用した開発ができる.

2. XML による知識流通

XML 文書
(XML document)

XML に基づく知識流通では，**XML 文書**（ドキュメント）という単位に従って知識をやり取りする．XML ドキュメントは図 6.15 のように構成される．XML を使った知識流通の概念を図 6.16 に示

図 6.15　XML ドキュメントの構成

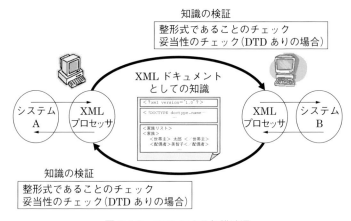

図 6.16　XML による知識流通

XML プロセッサ
(XML processor)

　す．図中の XML プロセッサとは，XML ドキュメントを解析して，知識の階層構造に従ってその内容にアクセスする手段を提供するツールである．これを使うことで，システム側から容易に知識の必要な部分へアクセスすることができる．

DTD (Data Type Definition)

　図中の **DTD**（Data Type Definition）という部分には次のような情報を記述することができる．すなわち，DTD により知識の構造が規定されることになる．XML では DTD を省略しても構わないことになっている．

① XML ドキュメントに含まれる要素と属性などの定義．

② XMLドキュメントが表現する木構造の定義.

XMLドキュメントの「正しさ」ということについて考えると，次の二つのレベルがある．

1. **整形式**（well-formed）の **XMLドキュメント**：タグの付け方などXMLの文法を守っているもの．
2. **妥当**（valid）な **XMLドキュメント**：整形式であり，さらにDTDで規定される内容に従っている．

> 整形式 (well-formed)

> 妥当 (valid)

整形式のドキュメントであれば，タグの付け方が規則に反しているなどのエラーがないこと程度はチェックされている．妥当なXMLドキュメントの場合には，DTDでの規定による構造を満足していることがチェックされるので，誤った知識が流通する可能性が減少する．後に述べる産業界でのXML利用標準化の動きの中には，その業界で使う知識のDTDを規定しようとするものもある．

3. XMLデータベースによる知識ベース構築

XMLで表現された知識を有効に利用するためには，知識の保存について考える必要がある．XMLはテキストとして表現されているので，単純にテキストデータベースへ格納することもできる．しかしその場合には，XMLの構造に従って特定の要素の値を取り出したり，特定の要素の値を検索するという操作が実現困難となる．リレーショナルデータベース（RDB）に格納する場合には，XMLの木構造をリレーションへと対応させる方法を決めておかなければならない．構造が複雑になると簡単には対応規則がつくれなくなるし，構造に変更が生じた場合の対応が困難である．

> リレーショナルデータベース (Relational DataBase：RDB)

XMLデータベースとは，XMLドキュメントを格納するための専用のデータベースである．XMLドキュメントの構造に従って柔軟な検索を行う言語も提供されている（図6.17）．XMLデータベースのこのような機能を利用して，知識ベースを構築することができる．

> XMLデータベース (XMLDataBase：XML DB)

4. 流通知識のモデル化

XMLは知識流通のための有効な技術であるが，どのようなタグ構造とするかを決定することは難しい．流通させるべき知識がどの

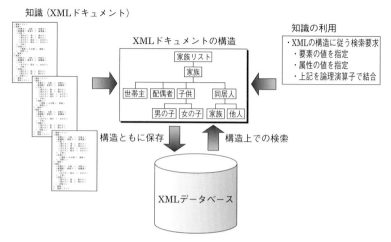

図 6.17 知識ベース構築ツールとしての XML データベース

ような構造をしているのかや，知識が表現すべき内容について慎重に設計する必要がある．このためには，流通させる知識を UML でモデル化することが有効となる．モデルが得られれば，機械的な方法で XML の構造（スキーマ）を決めることができるようになる．先に図 6.14 で見た家族関係の場合には，図 6.18 のように UML で

スキーマ
(schema)

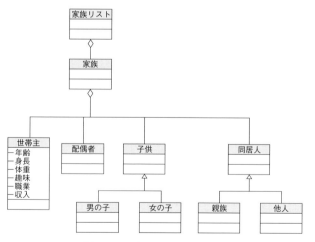

図 6.18 流通知識のモデル化

モデリングできる．システム内部の知識モデリングと同様に，流通させる知識も UML でモデリングすべきである．

▌5. XML 標準化の動向

XML を使うことで構造をもつ知識の流通が可能となる．しかし，知識の構造がわかるだけでは十分ではない．タグで指定される要素の意味を明確にしておかなかれば，知識を利用することはできない．XML でできることは，知識の構造を伝えるということだけである．

産業上の多くの業界において，XML に関する標準化が進められている．業界の中で用語やその意味を標準化して共有するという動きである．標準化が十分に完成すれば，その業界の中での XML による知識流通が現実のものとなってくる．表6.3 に，産業界での XML 対応に関する代表的なものを示す．これ以外にも多数の活発な活動がなされている．

GIS（Geographical Information System）

表6.3 産業界での XML 関連の動向

名　称	概　　要	関連する業界
BizTalk	XMLのビジネス利用に向けた基本的なインフラの整備	特定業界に依存しない
ebXML	XMLのビジネス利用に向けた基本的なインフラの整備	特定業界に依存しない
MML	医療分野での診療データに関する標準	医療関連業界
RosettaNet	企業間の電子商取引（サプライチェーン）の自動化に向けた標準インタフェース	情報・IT機器業界，電子部品業界，半導体製造業界
G-XML	地理情報システム（GIS）で扱う各種情報の標準	GIS に関連する業界
XMI	UMLモデルなどのメタデータをXMLで表現するための標準	特定業界に依存しない

6.5 これからの発展

　UMLによる知識モデリングは，これからのシステム開発の技術として，定着しつつある．XMLは知識流通や共有を実現するインフラストラクチャとして，ますます広がっていくものと期待されている．第7章で述べるセマンティックWebや，今後のWeb上でのAIシステム実現のための重要な要素技術ともなっている．その技術マップを図6.19に示す．

　セマンティックWebを実現するためには，意味の記述を行う方法が必要となる．XMLをベースとしてRDFという表現方式が定められている．また，第4章で学んだ従来からの知識表現技術をベースとして，セマンティックWebのための新たな知識記述の方式が構築されようとしている．そこにもXMLが利用されており，オブジェクト指向の技術も組み込まれようとしている．

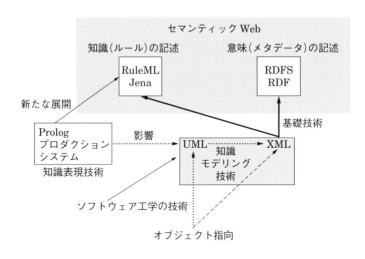

図6.19　XML：これからの発展

問 1　ある企業がAIを組み込んだ製品（自動操縦のできる車）の開

発をスタートし，本章で学んだ知識モデリングに着手した．UMLを使う場合と，この企業が独自に定めたモデリング言語を使う場合ではどのような違いがあるか検討せよ．

問2 XMLドキュメントにDTD（Data Type Definition）がある場合とない場合ではどのような違いがあるか検討せよ．

問3 UMLやXMLの仕様は誰が決めているのだろうか．調べてみよ（ヒント：Webで調べればすぐに見つかるはず）．

問4 第4章の意味ネットワークで，自動車に関する知識表現の例を示した．これをUMLで表現してみよ．

問5 オブジェクト指向（6.2節のColumn参照）では，オブジェクトが単位となってプログラムが構築される．オブジェクトをデータベースに格納する手段として，オブジェクトデータベースがある．リレーショナルデータベースと比較してみよ．

第7章 Web上で活躍するこれからのAI

　Webにより，世界中の至るところで公開されているさまざまな情報にアクセスすることができる．Webは我々に膨大な情報をもたらしてくれるが，現状では能力に限界がある．AIの技術を組み込むことで，Webを知的なものとする構想が進められている．Web上での自動的な意味処理をベースにするため，セマンティックWebと呼ばれている．この技術を用いたビジネス活動もすでに始まりつつある．本章では，Webを舞台として新たに展開しつつあるAI技術を学ぶ．

■ 7.1　Webの仕組みと限界

　ごく簡単にWebの仕組みを説明すると，図7.1のように，インターネット上に実現された**ハイパーテキスト**と考えることができる．ハイパーテキストでは，テキスト中のタグの指示によって別のテキストへと移っていくことができるようになっている．Webの世界では，**HTML**（Hyper Text Markup Language）が通常使われているハイパーテキスト記述言語である．図7.2にHTMLの例を示すように，インターネット上の他の場所にあるテキストへとURLでリンクを張ることができるし，表示についての指示もタグ

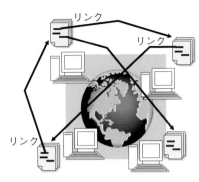

図 7.1　Web＝インターネット＋ハイパーテキスト

```
<!DOCTYPE html PUBLIC "-//W3C//DTD HTML 4.01 Transitional//EN">
<html> <head> <title>ページのタイトル</title> </head>
<body> <center><h1>
本章はセマンティックWebを説明しています．
</h1> </center>
<a href= "http://www.ohmsha.co.jp/">本書の出版はこの会社です</a><br>
</body>
</html>
```

図 7.2　HTML の例

によって行うことができる．これをブラウザで見ると，

「本章はセマンティック Web を説明しています」と大きな文字で中央に表示される．

「本書の出版はこの会社です」という下線付きの表示部分をクリックすれば，オーム社のホームページへとジャンプすることができる．

> **HTML ベースの Web は人間用にできている**
>
> 　人間は表示されるテキスト（英語，日本語，etc.）や画像の内容やレイアウトから，意味を理解し情報を得ている．例えば，テーブル形式で表示されているデータに対しては，そのテーブルの構造に従って意味を解釈できる．
>
> 　しかし，コンピュータは HTML を読み込んで表示をするだけであり，意味や内容は理解していない．テーブル形式で表示されていても，RDB のデータのときのように，構造に従った処理はほぼ不可能である．

現状のWebが人間用にできており，コンピュータが意味処理をしていないことからその能力に限界が生じている．例としてWeb上の秘書システムを考えてみよう（図7.3）．このシステムは，秘書のようにユーザの仕事を代行してくれるものである．図では「便利な病院を予約せよ」と指示しているが，これを行うためには次のような処理が必要となるだろう．

1. 「便利」とはどういうことか，何科の病院を探すのかなどを，利用者の立場で推論する．
2. Webから病院に関する情報を入手する．
3. 入手した情報から条件に合わないものを除外する．最初に推論した「便利さ」，「何科の病院」ということや，利用者のスケジュールと合うかなどが判定条件となるだろう．
4. 条件を満足する情報を利用者にわかりやすく提示する．

Webベースでこの秘書システムを開発する際には，少なくとも次のような問題を解決しなければならない（図7.3）．

1. **情報を漏れなく収集できること**：病院というキーワードでWebを探すと漏れてしまう情報もある．医院，医者，クリニックなど多数の類義語も考慮する必要がある．
2. **正しい情報を収集できること**：キーワードでの検索では，誤った情報を検索してしまうことがある．何年か前の古い情報かも

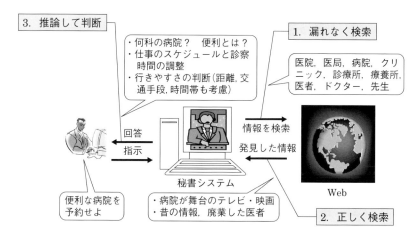

図7.3　Web秘書システムの課題

しれないし，もう廃業した古い病院の情報かもしれない．場合によっては，病院が舞台のテレビドラマの情報かもしれない．
3. **知識による推論を行うこと**：すべての判断を利用者に委ねるのでは秘書失格である．情報や知識を使って，知的判断を行う必要がある．電車の乗継ぎや，道路混雑状況も考慮しなければならず，利用者の個人情報（病歴，健康診断結果など）も考慮しなければならない．

人間の秘書がWebを使う場合には，情報の意味を考えながら処理することで，上記の問題を解決している．例えば，病院をキーワードとしてのWeb検索で不十分なら，類似概念の別のキーワードを考えるだろう．いくつかのキーワードの論理積（AND）や論理和（OR）の組合せも考えるだろう．間違った情報の除去もやはり人間の意味理解に基づいて行われる．その情報がいつ発信されたものか，どういう状況のもとで発信されたものかは，前後の内容をよく読めば判断でき，使い物になるかどうかがわかる．重要なことは，人間は情報の意味を理解したうえで，知的な判断を行うことができるということである．したがって，Web上で秘書システムの

Column **セマンティックWebはAIでない？**

セマンティックWeb（以下簡単のためにSWと略す）は，AIの活躍の場として提案されているが，WebやSWの提唱者であるTim Berners-Leeは次のように述べている：

> コンピュータに理解可能なWebをつくるということは，人間の曖昧なはっきりしない言葉まで理解しようとするAIとは違う．SWでコンピュータにさせようとしているのは，きちんとしたデータをきちんと扱って，きちんと定義された問題を解決するということである．

彼のこの提唱から十数年以上が経過した．当時では，AI技術の限界もあって，上記のように従来のAIとはやや異なる方向を目指すことが妥当な戦略であったかもしれない．しかし，いまやAIの技術は大きく発展した．曖昧な情報の認識技術においても，ある分野では人間に匹敵しており，分野においては人間を凌駕することもある．このような技術の発展を，セマンティックWebに組み込んでいくことが，今後の課題となるだろう．将来のセマンティックWebでは，「曖昧で漠然とした情報から，利用者が自分自身でも陽にわかっていない意図を自動的に汲み取って問題解決する」ことが可能になるかもしれない．

セマンティック
Web の構想
① Web の意味がコンピュータにわかる仕組みを提供する．
② Web の意味に基づいた高度な知的処理をする仕組みを段階的に構築する．

ような知的システムを実用化するためには，情報の意味をコンピュータに理解させるということが必要となる．

セマンティック Web は，コンピュータに Web の意味がわかる仕組みを提供し，その上に高度な知的処理が実現できるようにすることを目指している．英語で「意味」は semantic なので，このように名づけられている．

7.2 メタデータで意味を表す

自然言語の理解は AI の重要なテーマであり，限定的な状況のもとで，意味内容を自動的に同定する技術も育ってきている．しかし，Web のようにさまざまな情報が自由に記述されるという状況では，自動的な言語理解や意味理解の技術を使うことは問題が多い．コンピュータに Web の意味がわかるようにするためには，情報発信者側でコンピュータに理解可能な形式のメタデータとして，意味を付加するという方法が現実的である．

メタデータについて説明する．**メタ**（meta）とは「～を超えた」という意味をもつ接頭辞であり，**メタデータ**（metadata）とは「データについてのデータ」という意味になる．メタデータのなじみ深い例としては，図書館の蔵書カードがある．図書というデータに付けられるデータなのでメタデータである．蔵書カードには，本のタイトル，著者，出版社，分類番号などが記録されている．米国では米国議会図書館の基準に基づく書誌情報が，本の最初のほうに記載されるようになっている．その例を図 7.4 に示す．タイトル，著者だけでなく本の内容を示すキーワードも含まれている．タイトルからは本の内容が推測がつかない場合にも役に立つ．この本が Web 開発に関するものであり，コンピュータネットワーク情報のカタログ化，メタデータ，AI に関するものであることが書かれている．このような書誌情報を使って図書検索を行えば，本の意味に基づく検索ができることになる．

セマンティック Web では，書誌情報の場合と同様に，情報の意味をメタデータとして付与するというアプローチを取る．そして図

第 7 章　Web 上で活躍するこれからの AI

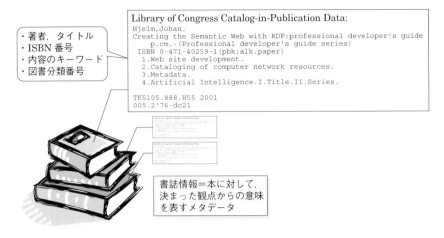

図 7.4　メタデータの例（米国議会図書館目録データ）

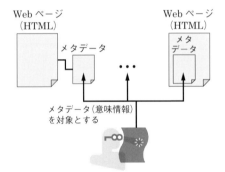

図 7.5　セマンティック Web はメタデータを利用

7.5 に示すように，メタデータを処理対象とすることで意味に基づく処理が行えるようになっている．

　メタデータをコンピュータにより自動的に処理するためには，容易に処理できる形式でなければならない．そのための具体的な形式については後に説明する．

本節のまとめ

① メタデータとはデータに対するデータである．

② セマンティック Web では，Web の情報に対して，その意味をコンピュータ処理可能な形式のメタデータとして付与する．

7.3 セマンティックWebの実現技術

セマンティック Web は意味を扱い，Web 上で高度な知的処理ができることを最終的な目標としている．このためには，当然のことながら AI の技術が活用されることになるし，インターネットに関する技術も重要な核となる．大きな構想なので，一度に実現することは不可能であり，図 7.6 に示すように技術を階層的に積み上げて最終的な実現に至る構想が描かれている．この推進は Web に関する規格や標準化を行う国際的な非営利団体の W3C（World Wide Web Consortium）によって進められている．

W3C について調べることは，章末の演習問題としている．

2004 年夏の段階では，図 7.6 の技術階層のうち，おおむねオントロジーの層ぐらいまでの規格がまとまりつつある．それより上位に

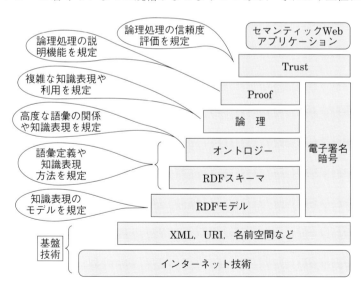

図 7.6 セマンティック Web 実現の技術階層（参考文献の図を修正して利用）

ついては，議論が重ねられている状況である．以降では，各層について説明する．

1. 基盤技術

インターネット上での情報流通に関するさまざまな技術や規格がある．それらを基盤としてセマンティック Web は構築される．メタデータの記述などに直接関係するものとして，第 6 章で学んだ XML に関する技術は特に重要である．以下にごく簡単に整理しておく．

XML とはインターネットで，知識や情報を柔軟に流通できるようにするための技術であり，テキスト中にタグを埋め込むことで，構造を定義して表現することができる．XML はすでにインターネット上での知識や情報の流通と共有のための言語として普及しており，多くのツールが開発されている．XML の資産を利用できるメリットは大きい．

URL（Uniform Resource Locator）は HTML ベースの Web で，インターネット上の情報資源（ファイルなど）の場所を示すものである．**URI**（Uniform Resource Identifier）はそれを一般化したものであり，世界中の事物に対して，一意的に指すことのできる名前を付けるためのものである．次に説明する名前空間と密接に関係している．

> 名前空間の扱いは，プログラム言語などの分野でも重要である．

名前空間とは，例えば複数の人が情報を表現し共有するといったときに，名前（語彙）を適切に管理するという問題を解決するためのものである．同じ名前であっても，状況が違えば違う意味となる．状況により名前を区別することが必要となる．そのために，名前空間による管理を行う．名前空間の指定のために URI を用いる．

例えば，John に URI を付加すると次のようになり，この二つを区別することができる．この例でわかるように，URL は一意に定まるように厳密に管理されているので，URI の一部として使うことができる．

① `http://example.com/this/#John`
② `http://example.com/that/#John`

このような URI をすべていちいち書くのは煩雑なので，前半の

部分を this や that で参照すると定義しておき，this：John や that：John のように接頭辞として簡単に記述するための方法も提供されている．

2. 知識表現のモデルと RDF

セマンティック Web では，情報の意味や知識をメタデータとして表すと述べた．それではメタデータをどのように記述すればよいのだろうか．図 7.7 の右側に示すように，作成者が勝手な方法でメタデータを XML で記述した場合，自由度が高すぎてコンピュータによる自動的な処理が困難になってしまい役に立たないことになる．そこで，セマンティック Web の規格では，意味や知識をモデル化する標準の方法を定め，それに従ってモデル化された知識をメタデータとするようになっている．この規約が **RDF**（Resource Description Framework）である．RDF に従って表現された知識は XML に機械的に変換して流通できるようになっている．

> これから説明していくように，RDF は AI での知識表現に基づいている．

RDF の考え方は単純であり，情報を**リソース**（resource），**プロパティ**（property），**プロパティの値**（property value）の三つで捉えることが基本である．日本語で書けば「リソース（R）はプロパティ（P）をもち，その値は（V）である」に相当し，英語ならば「Resource R has a property P, whose value is V」という表現

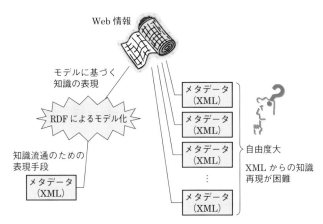

図 7.7　メタデータは RDF に従いモデル化する

に相当する．混乱が起きないときには，プロパティの値を単に値という．

例えば，この本を例にして考えてみると，リソースは「IT Text 人工知能（改訂 2 版）」であり，プロパティの一つは「監修者（Supervisor）」でその値が「本位田」となる．これは図 7.8 のように図示するとわかりやすい．これは，第 4 章で学んだ意味ネットワークとほぼ同じ表現方法である．リソースや値ノードで表されており，それらをつなぐアークにプロパティを記述する．ここでのリソースを**主語**（subject），プロパティを**述語**（predicate），値を**目的語**（object）と呼ぶこともある．

> 文献によっては，これらの用語を用いているので注意されたい．

図 7.8　RDF によるリソースの単純な表現

なお，情報を世界規模の広い範囲で流通させることを考慮して，リソースやプロパティ，値は URI を使って名前空間を指定して記述するようになっており，名前衝突の問題などが回避されている．さまざまな情報源からの知識が混在することが当初から構想に組み込まれている．

RDF では基本的な表現をベースに複雑な情報が表現できるようになっている．例えば，先の「IT Text 人工知能（改訂 2 版）」の

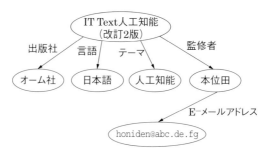

図 7.9　複数のプロパティの表現

場合にはほかに「発行日」,「出版社」,「言語」,「テーマ」などというプロパティがあり,おのおのに値がある.また,「本位田」のような値が他のリソースとなることもでき,メールアドレスというプロパティに対して「honiden@abc.de.fg」という値をもつ.この状況は図 7.9 のように表現される.

リソースが複数のプロパティをもつとき,それらの間に一種の構造を入れると便利な場合がある.例えば,「出版社」の「都県名」,「市区名」,「町名」というプロパティがあるとき,図 7.10 のように,名前のないノード(中間リソース)を導入して表現することができる.中間リソースには適当な名前(この場合は「住所」)を付けて考えればよい.同様に,「連絡先」も導入されている.

RDF モデルに基づき表現された知識は XML で表現することができる.例えば,図 7.8 は図 7.11 のようになる.ここで,rdf: は名前空間の指示となっており,rdf:Description はこれが RDF を記述するための XML のタグであることを示している.ここでは省略し

接頭辞の形式として,URI を指定する方法を使っている.

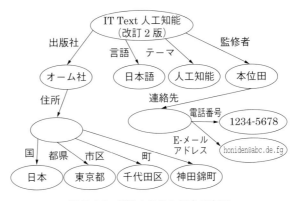

図 7.10　構造を入れた場合の表現

```
<rdf:RDF xmlns:rdf="http://www.w3.org/1999/02/22-rdf-syntax-ns#">
   <rdf:Description about="IT Text 人工知能（改訂2版)">
      <Supervisor>本位田</Supervisor>
   </rdf:Description>
</rdf:RDF>
```

図 7.11　RDF の XML による表現例

ているが，Supervisor タグに対しても例えば this: のような名前空間を定義し，this:Supervisor のようにすることもできる．なお，同一の RDF モデルに対して，そのモデルを再現できる XML 表現は一意ではなく，ここで紹介したものとは別の表現方法もある．どの表現であっても，RDF モデルに従う知識が再現できれば問題ない．

> **本項のまとめ：セマンティック Web での知識表現**
> ① リソース，プロパティ，値をベースとする RDF により知識をモデル化する．
> ② RDF は意味ネットワーク（第 4 章）と類似の構造をしており，ノードを連結していくことで複雑な知識も表現できる．
> ③ RDF に従ってモデル化された知識は機械的に XML に変換できるので，インターネット上での流通や処理が容易となる．

3. RDF スキーマによる語彙の定義

RDF ではリソース，プロパティ，値を使って知識を表すが，これらをまとめて**語彙**（vocabulary）といい，どの分野の知識を表すかに依存して変わってくる．ある分野の知識を RDF に基づいて表現するためには，どのような語彙を使うかをあらかじめ定義しておく必要がある．このような定義が **RDF スキーマ**（RDF Schema：**RDFS**）の役割である．RDF スキーマと RDF の関係は図 7.12 の

RDF スキーマとオントロジーとの関係は次項で触れる．

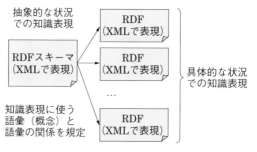

図 7.12　RDF と RDF スキーマ

ようになる．

RDF スキーマにはオブジェクト指向の考え方が取り入れられているので，第 6 章で学んだ UML による知識モデリングの手法により，次のようにわかりやすく整理することができる．

① クラスにより，対象領域の概念（本や監修者など）と，概念間の構造を定義する．
② 上記の定義をクラス図により記述する．
③ 対象領域に存在する事物（モノ）は，クラスのインスタンス（オブジェクト）である．

RDF スキーマや RDF とオブジェクト指向（UML）との対応は，表 7.1 のように考えることができる．本章の RDF の説明では，リソースやプロパティという用語を使ったが，UML でのオブジェク

> オブジェクト指向については，第 6 章の Column で説明している．
> UML と RDF，RDFS は目的が全く異なる．この表は，両者の優劣を比較するものではない．

表 7.1 UML と RDF，RDF スキーマ

UML	RDF, RDF スキーマ	備　　考
クラス	クラス	抽象的な概念を表す
属　性	プロパティ	データ（値）を表す
オブジェクト	リソース	実在のモノ
クラス関係	限定的	UML は強力な表現方法を提供
制約の記述	限定的	UML は OCL など強力な表現方法を提供

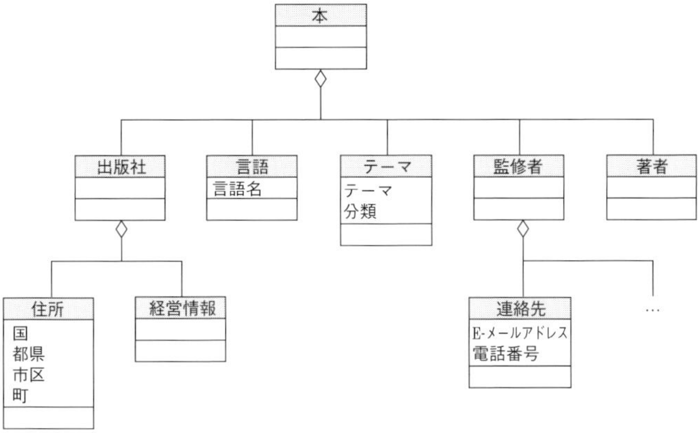

図 7.13　RDF スキーマの UML での表現例

トや属性とほぼ同じ意味である．ただしこの対応関係について厳密なレベルでは，もう少し議論が必要である．これは考え方を整理するための目安と考えていただきたい．

UML で書いた RDF スキーマは，例えば図 7.13 のようになる．図 7.10 で示した RDF は，この RDF スキーマにほぼ従っている（一部を単純化している）．

本項のまとめ：RDF スキーマで語彙を定義する

① RDF スキーマでは，RDF で知識を表現するときの語彙や語彙間の構造が定義される．

② 具体的な知識は，RDF スキーマで定義される語彙のみを使って，RDF として記述する．

③ RDF スキーマで規定されていない語彙を使った場合には，知識表現のエラーとして検出も可能となる．

④ RDF スキーマは XML に機械的に変換できるので，RDF と同様に流通が容易である．

⑤ UML による知識モデリング手法を用いて，RDF スキーマの分析や設計を行うことができる．

---

4. オントロジー

オントロジー（ontology）とはもともと，存在するものの共通の性質や根拠を考察する哲学の一分野であり，存在論という訳語がある．しかし AI では，オントロジーという言葉が使われることが多いようである．AI でのオントロジーは，研究者によりさまざまな意味で使われており，万人が納得する簡潔な定義を与えることは難しい．本書ではオントロジーとは，「語彙や概念の相互の関係を含む汎用性をもった知識の体系」という意味とする．オントロジーについての厳密な議論は本書では不可能なので，以降のいくつかの簡単な例により説明することにする．

RDF スキーマでは，図 7.13 に示すように概念間の階層関係や各概念がもつ性質を定義した．各概念の性質をさらに細部に至るまで定義するためには，オントロジーが必要となる．

Web 上の情報検索を考えてみよう．例えば先に図 7.3 で説明した

> サブクラスの関係では，外科医 IS-A 医者が成り立っている．

図7.14では，簡潔にするためにサブクラス（IS-A）の表示を省略している．

秘書システムでは，病院の情報を検索することが必要であった．病院に関するオントロジーは例えば図7.14のようになるだろう（これをUMLで書いてみるのは演習問題である）．医師やドクターのような同義語もあれば，外科医，内科医などのように医者を専門分野で特化したサブクラスもある．また，病院と医者とが1対Nの関係にあることが示されている．すなわち，一つの病院には複数の医者が所属しているという関係である．

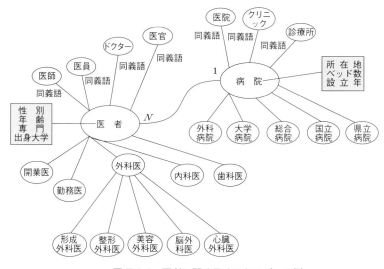

図7.14　医者に関するオントロジーの例

このようなオントロジーが与えられると，それを次のように利用することができる．

① **範囲を広げて検索**：同義語や上位概念も含めた広い範囲での検索を行う．

② **範囲を絞り込んで検索**：サブクラスの関係にある概念（例えば医者に対して外科医）を用いて，より精密な検索を行う．男性の医者に限定したり，出身大学を限定したりして絞り込むこともできる．

③ **関連情報を利用した推論と検索**：例えば，病院には医者が所属していることから，病院を医者の情報を使って検索するなど関連した情報を利用する．

④ **複数オントロジーの利用**：異なる組織があるとき，それぞれのオントロジーを使って，組織間での概念名の違いを吸収できる．あるいは，同じ概念がない場合に，類似な概念を探して代用することもできる．

セマンティックWebでは，オントロジーの扱いも規格化されている必要がある．オントロジー記述の標準言語として，**OWL2**（Web Ontology Language）が規格化されている．

5. 論理層の知識記述

オントロジーでは主に概念や概念間の関係が記述される．その他の一般的な知識については，もう一段上の論理層で扱われる．ここで使われる知識表現方法として，例えばRuleMLという言語が検討されている．その概要を以下に整理しておく．

RuleML（Rule Markup Language）

① 第4章で学んだPrologと同様に，ホーン節による知識を扱う．
② セマンティックWebに組み込むため，ホーン節をXMLで表現する．
③ この言語上に，前向き推論や後ろ向き推論の機構を考えることが可能となる．
④ オントロジーと組み合わせることで，さらに強力なものにできる．
⑤ 大規模な知識の扱いを容易にするために，オブジェクト指向を取り入れたオブジェクト指向RuleMLの検討も進められている．

6. 上位層の構想

論理層から上の部分については，いま議論が行われている段階であり，それが固まるためにはもう少し時間を要する．ごく簡単にあらましを述べる．

Proof層では，結論が得られたときになぜそうなったかの理由を提供できるようにする．理由をシステムの利用者（人間）が読んで判断することもできるし，システムで処理を行うようにすることもできる．

Trust層では，結論に対する信頼性に関わる処理を行う．セマン

ティックWebでは，Web上に分散して存在する知識を利用するため，信頼できない知識が混じっている可能性もある．信頼できるかどうかの判断が不可能という場合もあるだろう．Webという全体を見通すことのできない情報源を利用するためには，このような信頼性に関する扱いを組み込む必要がある．

7．システム構築イメージ

いままでに説明したセマンティックWebを使って，最初に構想した知的秘書システムを将来的に実現することができるようになる．図7.15にそのイメージを示す．このシステムは次のような部分から構成されることになるだろう．これは極めてラフなイメージにすぎないので，各自演習問題として構想を考えていただきたい．

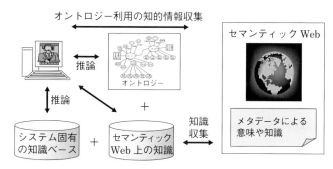

図7.15　セマンティックWeb上の秘書システムイメージ

① **システムに固有の知識を格納する知識ベース**：このシステムの利用者に関する知識が格納される．
② **オントロジー**：汎用のものを利用する方法や，独自のオントロジーを使うなどの方法が考えられる．
③ **知識収集部**：Webの中から推論に必要な情報や知識を集めてくる部分．収集のためにオントロジーを使うこともある．
④ **推論部**：システム固有の知識ベース，オントロジー，Webから集めた情報と知識を使った推論を実現する．

7.4 セマンティックWebと関連する産業界の動向

セマンティックWeb全体の規格についてはまだ作業の途上にあり，完成までにはもう少し時間が必要である．しかし，現状で固まっているRDFやRDFスキーマの部分を実用的に利用しようという動きが始まっている．例えば，以下に示す規格はRDFに基づくメタデータの規格として完成している．

> これらの規格を使った活動は，セマンティックWeb全体の完成を待つことなく，すでにスタートしている．

① **CC/PP**（Composite Capabilities/Preference Profile）：端末の能力やユーザの好みに応じたWeb表示を行うための規格．
② **Dublin Core**：本などの情報資源の書誌データに関する規格．米国オハイオ州のDublinで開催された国際会議にちなみこの名前が付けられている．
③ **P3P**（Platform for Privacy Preferences）：プライバシーに関するポリシー記述とユーザの選好を記述する規格．
④ **RSS**（RDF Site Summary）：Webサイトが提供する情報を分類するための規格．

ここではCC/PPについてのみ，図7.16に従って，もう少し詳しく説明する．Webが開発された当初は，Webを閲覧するためにはワークステーションやパソコンの何れかを使うことが常識であった．しかし今では，スマートフォンやタブレットなどからのWeb

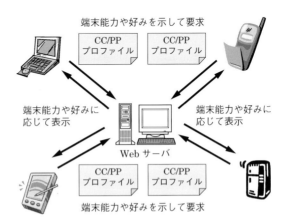

図7.16　種々の端末からCC/PPを利用してWebアクセス

アクセスがかなりの部分を占めるようになってきている．情報家電が普及してくれば，冷蔵庫や電子レンジからWebにアクセスするというケースも増えてくると予想される．このように，Webを使う環境がさまざまになってくると，利用する端末の特性に合致した表示を必要とするようになる．スマートフォンの小さな画面と大きなパソコン画面とでは，当然のことながら，能力（capability）が全く異なるからである．また，Webの情報の内容や料金が希望に合わなければ閲覧しない，というようなユーザの好み（preference）もある．今後の進んだWeb環境では，サーバが端末の能力やユーザの嗜好を考慮して，自動的に適切な情報を送ってくるようになると考えられる．このためには，能力や嗜好を定義することが必要となる．その規格がCC/PPである．CC/PPの規格に従って能力や嗜好をメタデータとして記述し，サーバへのアクセスの際にその情報も伝えることで，サーバが能力や嗜好に応じた適切な情報提示が行えるようになる．

さまざまな立場でのセマンティックWebの研究開発が行われており，研究ツールも提供されている．Javaでの利用環境を提供するJenaというツールも公開されている．

7.5 WebサービスとセマンティックWeb

1. Webサービスとは

Webサービス
(Web service)

Webサービスという技術が今後のインターネット上のビジネス（e-ビジネス）を支える重要な核になると予想されている．詳細は参考文献に譲り，ごく簡単に説明する．この技術の概念を図7.17に示す．

> **Webサービス**
> ① 処理を行うアプリケーションを，サービスとしてWeb上で利用可能にする仕組み．
> ② Webサービスを組み合わせて，新たなアプリケーションを迅速に構築することができるようになる．

③ サービスを登録したり，検索したり，利用したりする規約が定められている．
④ サービス提供者はサービスレジストリ上にサービス内容を登録しておく．サービス利用者は，サービスレジストリから求めるサービスを検索して利用する．
・サービス登録と検索に関する規約：UDDI（Universal Description, Discovery and Integration）．
・サービス定義のための言語：WSDL（Web Service Description Language）

> UDDIとは，サービスに関する電話帳のようなものである．どこで，誰がサービスを提供しているかの情報を公開している．

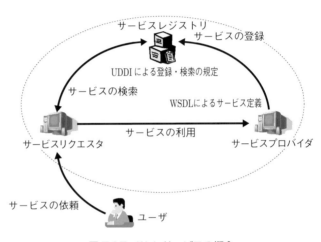

図7.17 Webサービスの概念

2. Webサービスの知的連携に向けて

例を使って，将来のWebサービスについて説明する．インターネット上のギフトショップを考えよう．ギフトを決めて配送手続きを行うことは面倒である．何人もの人に贈るときには，特に大変なので，それを代行してくれるショップがあると便利である．図7.18の一番上に，インターネット以前の電話やファクシミリを使う状況を示す．カタログでギフトの候補を決め，いくつかの販売会社から見積りを取って決定する．品物と会社が決まれば購入手続きを行い，その費用をクレジット会社を通じて客に請求し，さらに配送会

7.5 Web サービスとセマンティック Web

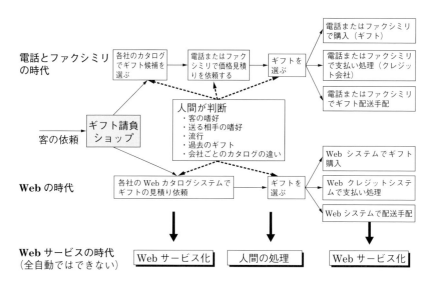

図 7.18 電話時代から Web サービス時代へ

社への依頼も行う．

図 7.18 の中段には，通常の Web を使う状況も示している．紙のカタログが Web カタログシステムに進歩し，自動的に見積りが取れるようになっている．ただし，見積り結果を見てどれを選ぶかの判断は人間の仕事である．どれかが決まると，支払いの請求や配達の手配はおのおのの会社の Web システムを使って依頼することができる．現状の Web サービスを使うと，図 7.18 の一番下の状況となる．人間が判断をする部分が残っているので，全自動のシステムにはなっていない．

このように Web や Web サービスを使うことで便利にはなったが，以下のような問題が残っている．

1. 現状の Web は意味処理ができないので，人間が判断しなければならないことが多い．例えば，「石けん詰合せ」，「ソープギフトセット」，「石けんギフトセット」などが同じであることは Web にはわからない．
2. Web サービスを検索する能力が限定的である．上記と同様に，サービスの定義の検索で意味処理が行われていない．言葉の使

い方の違いから，求めるサービスが検索できない場合もある．
3. 品物を決めるなどの知的判断は人間の仕事である．依頼者や贈る相手に関する知識（性別，年齢，職業など）を参考にしたり，流行など世の中の状況を考慮したり，過去に贈った品物の履歴を参照したりなど，さまざまな知識を使った気の利いた推論が必要になる．
4. Webカタログシステム，Web購入システム，Webクレジットシステムなど各種のシステムは，中間で人間の判断（知識や推論が伴っている）が必要なため自動的に連携できない．

セマンティックWebの技術を使いこのような問題を解決し，次世代のギフトショップを実現する方法を考えよう．そのイメージを図7.19に示す．ここでのポイントを整理すると以下のようになる．

A. WebサービスをセマンティックWeb上に実現することにより，上記の1.と2.で述べた問題が解決できるようになる．
B. 知識と推論に基づくAI技術を組み込むことで，現在人間が行っている判断の自動化が可能となる．上記の3.の問題が解決できる．

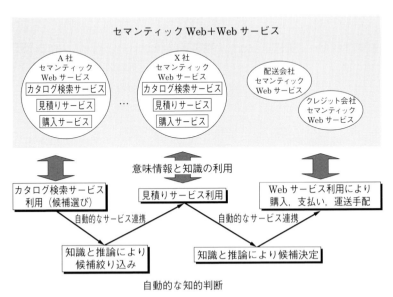

図7.19　Web上の知的ショップシステムの構想

C. 上記の判断自動化により，Web サービス間の自動的な連携が可能となる．したがって，人手によらない全自動のシステム化ができるようになる．上記の 4. の問題が解決できる．

AI 技術がほかのソフトウェア技術と融合することで，より高度で柔軟なコンピュータシステムが構想されるようになってきている．

7.6 これからの発展

セマンティック Web の技術を活用したサービス提供がすでに始まっている．国立国会図書館が提供しているデータ検索・提供サービス（Web NDL Authorities）では，本章で説明した RDF を図書情報のデータ記述に用いている．そのため各典拠データは URI で参照可能となっている．さらに，RDF 情報に対する標準の検索言語である SPARQL を使って，利用者が意味情報を利用した柔軟な検索を実行できるようになっている．

最近ではセマンティック Web の中でもとくに LOD（Linked Open Data）と呼ばれる技術が注目されるようになっている．RDF での記述ではリソースの記述は URI であるため全世界で一意に定まる．つまり，同じ URI ならば同一リソースであることが保証できる．この性質を利用して，URI で表現されたリソース上にそれらの意味的な関係を示すリンク（これもまた URI で表現される）を張ることで，リソース間の意味が表現できる．これが新たな知識となる．その情報源中の RDF だけではわからないこともリンク先の RDF を調べることで推論することができるようになる．世界の至るところでこのような LOD のリンクを増やすことが，共同での知識獲得につながっていくことになる．このような LOD を実現するプロジェクトがすでに始まっている．

演習問題

問 1 セマンティック Web の構想を進めている W3C について，Web を使って調べてみよ．この団体が関与しているほかの技術にはどのようなものがあるか調べてみよ．

問 2 リソースとプロパティという RDF モデルの考え方を使って，
① パソコンの所有者があなたであるという知識を表現せよ．
② 上記を拡張して，パソコンの製造メーカ，CPU，メモリなども表現してみよ．

問 3 図 7.14 に病院関係のオントロジーを示した．これを UML で書き直してみよ．

問 4 第 4 章では意味ネットワークを使って自動車に関する知識を表現する例を示した．第 6 章の演習問題では，それを UML を使って表現した．これらを RDF スキーマと考えて，実際の自動車の知識を RDF で表現するとどうなるか考えよ．例えば，あなたやあなたの家の自動車はどう表現されるか．

問 5 図 7.15 にはセマンティック Web 上の秘書システム構想の実現イメージを示した．これをもっと詳細なレベルまで考えてみよ．

問 6 本章でギフト請負ショップの構想を示した（図 7.19）．本書で学んだほかの技術も組み込んで，さらに知的なシステムを構想してみよ．

第8章
社会で活躍するAIに向けて

　最終的な人工知能実現はまだ将来のことであるとしても，研究開発の成果は日々蓄積されており，それらは次々に実用化されている．スマートフォンなどの日常使う機器にも，人工知能技術が組み込まれており，賢い振舞いができるようになってきている．利用者の音声による質問を理解し，その場の状況を判断したうえで応答できるようになってきている．カメラ画像などの状況を自動的に認識して分類するツールやサービスも実用化されており，その精度は人間に匹敵するようになってきている．また，自動車の状況判断に基づく自動的な危機回避機能はすでに実用化されて市販車に組み込まれており，完全自動運転も急速に実用化に向かいつつあるといってよいだろう．本章では，今後の人工知能技術に関連する新たな技術や，実用化に際して問題となることについて学ぶ．

8.1　クラウドコンピューティングと並列分散コンピューティング

　第5章で学んだ深層学習（ディープラーニング）で用いる誤差逆伝播法は，学習が終了するまでに多大な計算処理を必要とする．相関ルールのデータマイニングでも，データベース全体を対象とした

処理を収束するまで繰り返す必要があり，その計算量は膨大になる．これら以外にも人工知能システム実現には，多大な計算能力が必要になってくる．その対応方法の一つとして，並列分散処理の利用がある．複数のコンピュータを投入した分散処理も考えられるし，グラフィックプロセッサ **GPU**（Graphics Processing Unit）の処理能力を活かした並列処理も効果が高い．このような並列分散処理を用いたプログラミングを行うための基本的なツールが提供されている．例えば，分散環境向けの Hadoop や MapReduce があり，GPU 向けのライブラリである CUDA もある．人工知能システムの構築では，これらを直接使ってプログラミングすることも考えられるが，高度な実装技術が必要となる．

R や Python などのプログラム言語では，さまざまなパッケージやライブラリが提供されており，それらを組み込むことで機械学習のアルゴリズムを容易に実現できる．Java から利用できる Mahout という機械学習のライブラリもある．言語やライブラリでは，先に述べた分散並列処理の仕組みを自動的に利用することができるため，プログラマにあまり負担を強いることなく高速化を達成できる．もう少し手軽に高度な計算能力を利用する方法として，次に述べるクラウドコンピューティングがある．

クラウドコンピューティング（以下では単に**クラウド**と呼ぶこともある）という言葉が使われ始めたのは 2006 年ごろのことである．突然誕生した技術ではなく，それ以前からの技術の集大成であり，類似の技術は部分的に以前から実用化されていた．現在では高速なインターネットの普及とともに，誰でも気軽に使えるツールとなっている．現在のコンピュータ環境を支える不可欠の技術であり，スマートフォンやパソコンの記憶バックアップにも使われるなど，利用者が意識しない状況でもクラウドが活躍している．

図 8.1 で説明しているように，クラウドにはさまざまな利用形態がある．**IaaS** とは Infrastructure as a Service のことであり，ハードウェア類や OS までをサービスとして提供する．**PaaS** は Platform as a Service でありミドルウェアまでのサービスが提供される．最も上位の **SaaS**（Software as a Service）では，アプリケーションに至るまでのサービスが提供される．このように，コン

CUDA（Compute Unified Device Architecture）

R はフリーソフトウェアのプログラミング言語および実行環境である．機械学習やデータマイニングのパッケージも充実している．

Python はフリーソフトウェアのプログラミング言語であり，AI の開発によく利用されている．深層学習のツール開発にも利用されることが多い．

Mahout は機械学習のライブラリであり，Hadoop や MapReduce を活用した高速処理を特長としている．

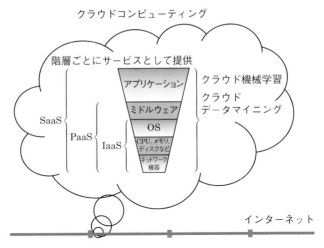

図8.1 クラウドコンピューティングが提供するサービス

ピュータに関わる種々の資源を，階層ごとにサービスとして提供していることがクラウドの特徴である．

人工知能システムをクラウド環境で実現する場合の主たるメリットは，大容量の記憶装置（メモリやディスク）や高速な計算処理能力を，状況に応じて安価な費用と少ない手間で利用できることであろう．個別の研究室や個人である程度規模のコンピュータ環境を維持するためには，導入時に多くの費用が必要となるし，停電や故障の対策，日常的な保守管理の手間が発生する．クラウドを利用することで，これらのコストや負担が軽減されることが多い．

現実的な人工知能システムでは，集中的に機械学習アルゴリズムを動かしたいときに，特に積極的に計算資源を投入したいという場合もあるだろう．クラウド上の計算資源は必要に応じて能力を増やすことが可能であるため，このような場合への柔軟な対応が可能となる．以上の理由により，クラウドは人工知能システムを実用化する重要なツールになると考えられる．

人工知能システムのクラウドを用いた実装では，**クラウド機械学習**や**クラウドデータマイニング**などと呼ばれるサービスも広まりつつある．これらは，機械学習やデータマイニングに関するさまざまな機能をクラウドの上のサービスとして提供するものである（図

8.1).機械学習やデータマイニングの部分を実装しているだけでなく，記憶装置，メモリ，CPU などの計算資源も提供されていることが特徴である．利用者はデータを与えればクラウドの機械学習やデータマイニングを利用できる．もちろん，データの蓄積にもクラウドを用いることができる．先に述べたように，データ量やアルゴリズムの性質に応じて，利用する計算資源を調整できるので費用や処理時間との兼ね合いで選択できるようになっている．このようなサービスの普及により，人工知能システム構築のコストが確実に低下していっていると考えられる．

8.2 ビッグデータとストリーム学習

ビッグデータとは，多種多様なデータを大規模に集め，機械学習やデータマイニングなどの対象とするものである．さまざまな種類のセンサー類が安価に利用できるようになり，インターネットに接続されるようになっている．**IoT**（Internet of Things）という言葉が広まっているように，われわれの身の回りのあらゆるものがインターネットにつながって，データを送受信できるようになってきている．

このような IoT の環境で収集された大量のデータを，統合して用いることにより，今までは知ることができなかった新たな知識の発見につながることが期待される．より多くのデータを用いて機械学習することで，より有益で強力な知識が獲得できる可能性が高まる．ビッグデータの登場は，人工知能システムにとっても新たな発展の可能性をもたらすと期待されている．

ビッグデータを直訳すれば，大量のデータということになるが，単に大量のデータがあるだけではビッグデータとして扱わないこともある．明確で確立した定義はないものの，以下のような性質をもつデータをビッグデータと呼ぶことが多い．

(1) 大量であること
(2) データの追加，更新，削除などの変更が頻繁に行われること
(3) さまざまな形式のデータが混在していること

このような性質をもつビッグデータに対して，従来から利用されているリレーショナルデータベース（Relational Database）では，処理性能の点で問題が生じることも多くなってきた．また，RDBでは事前に設計（スキーマ設計）された形式に従うデータのみを扱うので，形式が混在するビッグデータ環境では利用しにくいこともある．そこで最近では，**キーバリューストア型のデータベース**が用いられるケースが増えてきている．このタイプのデータベースでは，図8.2に示すように，データに対してキーという識別子を与え，両者をペアにして格納する．データの検索は，キーを指定することにより行う．データの一貫性が失われる危険性も持っているが，分散並列処理による高速化に向いているという特長があり，先に述べたHadoopやMapReduceなど，並列分散フレームワークでも中核的な役割を担っている．

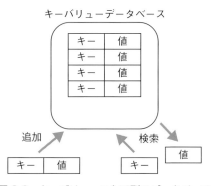

図8.2　キーバリューストア型のデータベース

ビッグデータでは，データの追加などの更新が頻繁に行われる．第5章で学んだ機械学習（データマイニング）では，対象となるデータをまとめて学習を行うことを想定している．しかしビッグデータに対しては，刻々と入ってくるデータに対して，それらを用いてリアルタイムで学習を行いたい場合がある．このような方法を**オンライン機械学習**（マイニング）という．あるいは，**ストリーム学習**（マイニング）ということもある．これに対して，従来からのデータをまとめて学習する方式を**バッチ学習**と呼ぶ．オンライン機械学習は，人工知能システムが状況に応じた知識を刻々と学習し，

変化する状況にも柔軟に対応できるようにする技術と考えられ研究が行われている．本書のレベルを超えるので技術の説明は省略するが，基本となっているのは第5章で学んだ技術である．

■8.3　人工知能システムの品質保証

　人工知能システムの重要な部分は，コンピュータ上のソフトウェアを含んだシステムとして実現される．高度な機能を実現するものであるため，大規模で複雑なシステムになるはずである．もし，そのシステムの品質に問題が生じた場合，人間や社会に深刻な影響や被害を与える恐れもある．したがって，人工知能システムを開発するためには，その品質保証についても考えておかねばならない．

　品質という言葉は日常でもよく使われるが，ソフトウェア工学の立場では品質には以下の六つの要素がある．これはISOやJISで規定されており，広く認められている要素である．これらを**品質特性**というが，各品質特性にはさらにいくつかの**副特性**が与えられている．

ISO（International Organization for Standardization）
国際標準化機構であり，国際間で共通の規格を定めている．

JIS（Japanese Industrial Standards）
日本工業規格のことであり，工業標準化法にもとづいた工業規格を定める．

(1) **機能性**：明示的および暗示的な必要性に合致する機能を提供する能力のこと
(2) **信頼性**：規定された達成水準を維持する能力のこと
(3) **使用性**：「使いやすさ」や「操作性」に関する能力のこと
(4) **効率性**：処理の速度や使用する計算資源の効率に関する能力のこと
(5) **保守性**：環境の変化，要求仕様の変更などに対応する能力のこと
(6) **可搬性**：ある環境から別の環境に移すための能力のこと

　システムの品質には上記のようなさまざまな要素があり，その確保にはソフトウェア工学の手法が必須となってくる．その技術は専門の教科書に譲るが，本書で学んだ技術と関連ある技術も品質保証に使うことができる．ごく簡単に説明しておく．

　品質に問題が生じる原因として，作成すべきシステムの仕様に不備があることが多い．不備にもさまざまなものが考えられる．記述

のミスもあれば，記述の漏れもある．あるいは，設計者の意図をプログラマが誤解してしまうという曖昧さに起因するものもある．

　このような不備による品質問題を回避するために，第 6 章で学んだ UML による仕様記述が使われている．そもそも UML とは，ソフトウェア工学の分野から生まれた技術である．また，日本語などの自然言語による仕様記述では曖昧さを伴うため，**形式的手法**という技術が開発されている．この手法では，システムの仕様を命題論理や述語論理の論理式として記述し，その論理式の充足可能性を調べることにより，ある程度の自動的な検証ができるようになっている．もし充足不能な論理式であれば，実現不可能であるから仕様に矛盾があると判定できる．

　大きなシステムの仕様を論理式で記述することは現実的ではないため，重要な部分に限定して記述するなどの手法も開発されている．UML においても部分的に論理式による形式的な記述ができるようになっている．また，命題論理や述語論理そのままではシステムの仕様記述に不向きなので，表現能力を向上させた論理体系も用いられている．

　品質確保のための技術はソフトウェア工学の中核をなすものである．人工知能システム開発においても，やみくもに機能を盛り込むのではなく，しっかりとした開発技術によって構築すべきであろう．

8.4　人工知能と倫理

　本書では人工知能のための基礎的な技術を説明してきた．人工知能に限らず，いかなる科学技術であっても，悪意をもって使われた場合には生命や環境に重大な影響を与えることがある．研究や開発は未知のものに対する興味が出発点であり，本来は自由な挑戦によって支えられている．しかし，人間にはすべてが許されているかという問題がある．社会の規範や宗教とも関係してくるが，科学技術の問題といえども，取り組むこと自体が許されないテーマもあるかもしれない．人工知能の技術は，現時点では限られた領域においてであるが，人間の能力と互角以上になってきている．研究開発が

第 8 章 社会で活躍する AI に向けて

> 意識や意思については，さまざまな立場や考え方があり，工学的な見地から議論することは難しい．ここでは，日常語としての一般的な意味で用いている．

進めば，人工知能が意識や意思をもつようになるかもしれない．人工知能の研究開発はどこまで許されるのだろうか．このような議論が始まりつつあるが，現時点ではまだ結論は得られていない．

SF を読む人なら，アイザック・アシモフの名前を耳にしたことがあるだろう．1963 年ごろの彼の SF 小説で，ロボットが満たすべき原則（**ロボット 3 原則**）が述べられている．ロボットにとっての**倫理規則**といってもよいだろう．この原則は，数十年前のコンピュータや人工知能技術が十分ではない時代に書かれたものであり，現在の状況ではとても十分とはいえないものであろう．

第 1 条：ロボットは人間に危害を加えてはならない．また，その危険を看過することによって，人間に危害を及ぼしてはならない．

第 2 条：ロボットは人間に与えられた命令に服従しなければならない．ただし，与えられた命令が第 1 条に反する場合はこの限りではない．

第 3 条：ロボットは前掲第 1 条および第 2 条に反する恐れのない限り，自己を守らねばならない．

現時点での人工知能においても，状況に応じた判断ができるようになってきており，ある程度の自律性をもつようになってきているといえるだろう．意識や意思については，未だに未解明なことが多いが，やがては人工知能がそれらをもつ時代がくるかもしれない．工業製品の設計や製造において，すでに人工知能が使われ始めている．やがては，設計の主要部分までもが人工知能が担当する時代がくるかもしれない．意識や意思をもつようになった人工知能が自らものづくりを始めるとき，そこに何が起きるのだろうか．

科学技術の発展は人間や環境にとって，必ずしもプラスになることだけではない．ある観点から見ればプラスの利益をもたらす技術であっても，他の観点から見ればマイナス要因となることもよくある．また，科学技術発展のための研究開発が人間や環境に影響を与えることもある．医学や生命科学の分野では，人間の生死や生命を直接扱うことが多いために，以前から倫理に関する議論がなされてきている．例えば，1979 年に米国保健福祉省が発表した基準（ベルモント・レポート）によれば，表 8.1 に示すように三つの原則と

表 8.1 米国保健福祉省の倫理基準

原　則	行動指針
人格尊重	インフォームドコンセプト
善　行	リスクとベネフィットの均衡
正　義	被験者の公平な選択

その行動方法が示されている．この基準は人工知能分野に直接適用できるものではないが，三つの原則の考え方は参考になる部分が大きいと考えられる．

　日本における人工知能研究の中心的組織である人工知能学会でも，このような技術倫理に関する問題が議論されている．2016年の段階では最終的な結論ではないものの，**倫理綱領案**が示されている．この中では，人工知能の開発者や人工知能を組み込んだシステムが満たすべき基準が提案されている．日本全体では，このような議論がようやく始まりつつある段階といえるだろう．

演習問題

問1 さまざまなデータを集めて，データマイニングや機械学習を適用することで，個人情報が特定されてしまうなどの問題が発生する可能性がある．問題を生じる例を考えてみよ．また，そのための対策としてどのような技術があるか調べてみよ．

問2 人工知能技術を使った自動車の自動運転の実現が近づいている．自動運転がミスを犯して事故につながる可能性も考慮しておく必要がある．事故を防ぐ技術にはどのような方法を考えてみよ．また，もしも事故が発生した場合の責任についても考えてみよ．

演習問題略解

■第1章　人工知能の歴史と今後

問1　AIの技術は多くの分野で活躍している．代表的なものだけをごく簡単にあげておく．WebなどでJべれば容易にほかのAI適用事例が多数見つかるはずである．
① **仮名漢字変換システム**：仮名やローマ字を正しく漢字に変換するために，AIが使われている．漢字の使い方のくせを学習する機能にもAIが使われている．
② **会話システム**：AIを使って，キャラクターがユーザと自然な会話ができるようにしたシステム．携帯電話に組み込まれているものもある．
③ **家電製品の制御**：ご飯がおいしく炊けるようにAIで自動的な制御を行う炊飯器が市販されている．エアコンや洗濯機などの家電製品にもAIが組み込まれているものがあり，高度な制御を行うようになっている．
④ **自動車への組込み**：エンジンなどの機器の自動制御だけでなく，AIによるドライバ支援や自動運転の試みもなされている．また，カーナビでのルート探索や情報検索にもAIが使われている．

問2　問1で調べたように，携帯電話にもAIが組み込まれている．あなたにとって，それらが満足できるものかどうか，例えば以下の観点で検討してみよ．
① 漢字変換は必ず成功するか？　間違った漢字に変換されることはないだろうか．
② キャラクターと自然な会話ができているか？　人間と同じように応答してくれるだろうか．
③ 家電の制御に満足できるだろうか？　あなたの家のエアコンはどんなときにも快適さを保つことができているだろうか．

問3　簡単なゲームの場合でも，必勝法の知識を正しく書くことは難しい．少し大きなケースでは，最後までやり遂げることはできなかっ

たかもしれない．以下の観点から，あなたが試みた作業を見直してみよう．

① どれくらいの作業時間が必要か．途中までで終わった人は，最後まで達成するために必要な時間を見積もってみよう．

② 抽出した知識の正しさ．その知識は本当に正しく信頼できるものだろうか．どうすれば知識の正しさが確認できるか考えてみよう．

③ すべての知識が抽出できただろうか．必要な知識が本当に全部抽出できているだろうか．すべて完了しているかどうかを確認するためにはどうしたらよいだろうか．

問4 チェスの場合に可能な局面数は 10^{120} といわれる．将棋では取った相手の駒を再利用できるので，さらに可能性が大きくなり 10^{220} 程度と見積もられている．囲碁は盤面が大きい（将棋は9マス×9マスであるが，囲碁は19本×19本）ことに加えて，石を置く自由度が高いので可能性は 10^{360} におよぶといわれている．水素1gに含まれる原子の個数が約 6.02×10^{23} 個（アボガドロ定数），地球の質量 5.98×10^{24} kg などと比較すれば，これらが極めて膨大な可能性であることがわかる．

■第2章 探索による問題解決

問1 8パズルの場合には盤面は9個のマスからなるので，コマの置き方の可能性は全部で $9! = 362\,880$ 通りとなる．15パズルの場合には，可能性は $16!$ なので約 2.1×10^{13} 通りとなる．35パズルの場合には $35!$ となり，約 1.0×10^{40} という極めて大きな数となる．このパズルは，サイズが大きくなると急速に難しくなることがわかるだろう．

問2 縦型探索では，探索候補をOLの先頭に追加しているので，後に見つかった候補が先に探索されることになる．したがって，縦型探索ではOLをスタックとして実現すればよい．横型探索では逆に，探索候補をOLの末尾に追加しているので，先に見つかった候補が先に探索される．したがって，横型探索ではOLをキューとして実現すればよい．

問3 男，オオカミ，ヤギ，キャベツという4種類は，川の左岸にあるか右岸にあるかのいずれかなので，すべての可能性は $2^4 = 16$ 通り

となる．これをグラフとして図示すると図1のようになる．ただし，図中のオ，ヤ，キはおのおのオオカミ，ヤギ，キャベツを表している．また，状態中の左の括弧内が川の左岸にいるものを示し，右括弧の中は右岸にいるものを示す．すべてが左岸にいる（男ヤキオ）（ ）という状態がスタートであり，全部が右岸に渡った（ ）（男ヤキオ）がゴール状態である．図中に示しているように，スタート状

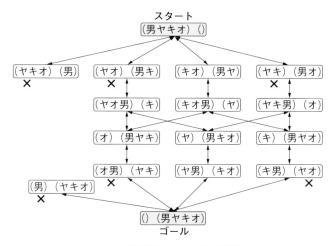

図1 状態変化のすべての可能性

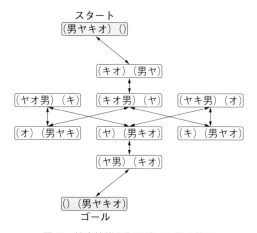

図2 禁止状態を取り除いた後の状況

態からは次の可能性がある．
① 男が一人だけで右岸に渡る．
② 男がキャベツをもって右岸に渡る．
③ 男がヤギを連れて右岸に渡る．
④ 男がオオカミを連れて右岸に渡る．

状態変化のすべての可能性が図に示されているので確認してほしい．さらに，図1では禁止されている状態に×を付けている．例えば，(ヤキオ)(男)という状態は，ヤギがキャベツを食べる（あるいはオオカミがヤギを食べる）のでダメである．このような禁止状態を取り去った結果は図2のようになる．

図2のグラフをスタートからゴールに到達するルートを縦型あるいは横型探索すれば，無事に川を渡る方法がわかることになる．

■第3章 知識表現と推論の基礎

問1 真理値表は表1のようになり確認できる．

表1 論理式 $\neg(p \to q) \to r$ と $\neg p \lor q \lor r$ の真理値表

p	q	r	$\neg(p \to q) \to r$	$\neg p \lor q \lor r$
T	T	T	T	T
T	T	F	T	T
T	F	T	T	T
T	F	F	F	F
F	T	T	T	T
F	T	F	T	T
F	F	T	T	T
F	F	F	T	T

問2 節形式に変換すると $\neg p$ となる．

問3 ① $((P \to Q) \land P) \to Q$ が妥当であること．
② $((P \to Q) \land Q) \to P$ が妥当でないこと．
を示せばよい．どちらも，表2の真理値表により示される．

表2　$((P\to Q)\land P)\to Q$ と $((P\to Q)\land Q)\to P$ の真理値表

P	Q	$((P\to Q)\land P)\to Q$
T	T	T
T	F	T
F	T	T
F	F	T

P	Q	$((P\to Q)\land Q)\to P$
T	T	T
T	F	T
F	T	F
F	F	T

問4　① T
　　　　② T

問5　① T
　　　　② F

問6　反駁を表す木は図3のようになる．

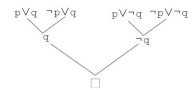

図3　節の集合 S_1 の反駁を示す木

問7　反駁を表す木は図4のようになる．

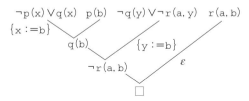

図4　節の集合 S_2 の反駁を示す木

第4章　知識表現と利用の応用技術

問1　IF-THEN ルールで表現すると次のようになる．
　　　IF スポーツカー THEN 乗用車
　　　IF ミニバン THEN 乗用車
　　　IF 乗用車 THEN 自動車

　意味ネットワークやフレーム表現については，4.3節の図4.11および図4.12が参考になる．

問 2 1 行目と 2 行目を入れ換えてもこのゴールに対して同様に動き，YES と出力される．

問 3 例えば次のようなプログラムとなる．父や母に関する部分を書き換えることで，いろいろな家系に適用できる．

   $ancestor(X, Y)$ $\leftarrow father(X, Y).$
   $ancestor(X, Y)$ $\leftarrow mother(X, Y).$
   $ancestor(X, Y)$ $\leftarrow father(Z, Y), ancestor(X, Z).$
   $ancestor(X, Y)$ $\leftarrow mother(Z, Y), ancestor(X, Z).$
  $father(hiroshi, taro)$ $\leftarrow.$
  $father(taro, ichiro)$ $\leftarrow.$
 $mother(hanako, taro)$ $\leftarrow.$

問 4 パソコンは多くの部品から構成されているので，それらの関係を知識として規定できる．また，キーボードやマウスなどに対して，入力デバイスという上位概念を定義して知識を整理することもできる．

問 5 例えば，「数学が得意」の確信度が 1 であれば（自信をもって得意といえる場合），「物理が得意」の確信度は $1.0 \times 0.8 = 0.8$ となる．「数学が得意」の確信度が 0 であれば（どちらともいえない場合），「物理が得意」の確信度は $0 \times 0.8 = 0$ となり，物理についてもどちらともいえない状況となる．他の値に対しても同様に計算できる．
このような結果があなたに当てはまるだろうか．

第 5 章　データマイニング

問 1 本章の初めの部分（5.1 節）で，代表的なデータマイニング適用事例を紹介した．それらの事例が，あなたの経験のある分野でどのように活用できるか考えてみよう．また，Web で検索すれば実際のデータマイニング適用事例を見つけることができるので参考になる．

問 2 正しくつくられたサイコロの場合には，どの目が出る確率も等しく 1/6 である．したがって，X の情報量は

$$6 \times \left(-\frac{1}{6} \log_2 \frac{1}{6} \right) = 2.58 \text{ ビット}$$

となる．

 偶数しか出ない不正サイコロで，偶数 (2, 4, 6) は等しい確率

1/3 で出るとすれば，その情報量は
$$3 \times \left(-\frac{1}{3} \log_2 \frac{1}{3}\right) = 1.58 \text{ ビット}$$
となる．

2 と 4 の目だけが等しい確率 1/2 で出る場合の情報量は
$$2 \times \left(-\frac{1}{2} \log_2 \frac{1}{2}\right) = 1.0 \text{ ビット}$$
となる．

2 の目だけしか出ない場合の情報量は 0 ビットとなる．

この計算結果から，出る目の可能性が少なくなるほど，X の曖昧さが減少して情報量（エントロピー）が小さくなることが確認できる．

問 3 支持度 s が最も小さくなるのは，データベース中に全く出現しない場合であり，$s=0$ となる．最も大きくなるのは，データベース中のすべてのトランザクションに出現する場合なので $s=1$ となる．したがって，$0 \leq s \leq 1$ がいえる．信頼度についても同様に証明できる．

問 4 相関ルールの支持度に関して，一般的には次のような性質が成り立つと考えられる．

① 支持度が高いルールは，多くのトランザクションで成立しているために，自明な知識であったり，すでに知られている知識である可能性が高い．

② 支持度が低いルールは，少数のトランザクションでしか観察されないので，自明ではなく未知の知識である可能性が高い．

したがって，支持度が低いルールが有効な知識である可能性があるため，最小支持度を低くしてデータマイニングを行う必要がある．

問 5 データマイニングにより，例えば個人の行動パターンや嗜好を予測できる可能性があるが，それがプライバシー侵害となることもある．各自いろいろなケースを考えられたい．

平成 15 年から個人情報保護法という法律が施行されている．企業などで大量の個人情報のデータを扱う場合には，この法律に従わなければならない．内閣府のホームページで，この法律の詳細な情報が公開されている．データマイニングのために大量の個人データを集める場合や，そのデータを処理した知識を利用する場合は，この法律を守る必要がある．

■第6章　知識モデリングと知識流通

問1 ① **独自モデリング言語の場合**：目的に応じて都合の良い言語を設定できる．しかし，その言語の詳細な意味を明確に定義したり，モデリングのためのツールを作成したりなどの膨大な手間が発生する．標準的に普及しているものではないために，第三者へ説明する場合には，モデリング言語の説明も行わなければならない．

② **UMLの場合**：すでに明確な規格が固まっている．これに基づくモデリング支援ツールも多数開発されており容易に利用できる．UMLについて説明した教科書も豊富にあるので，技術者の共通言語として利用できるようになりつつある．

問2 ① **DTDがある場合**：ドキュメントの構造がDTDでの定義に従っていることが検証できる．定義を守っていれば妥当（valid）なドキュメントである．

② **DTDがない場合**：タグがきちんと閉じているかなどの文法的な検証はできる．文法的に正しければ整形式のドキュメントである．

例えば企業間での知識交換の場合には，知識の形式を事前に定めておく場合が多いので，DTDが用いられることが多い．

問3 UMLについては，OMG（Object Management Group）という団体により行われている．XMLについては，Webに関する標準化を行っているW3Cという団体によりまとめられている．これらの団体のホームページには詳細な情報が公開されている．

問4 汎化（あるいは継承）や集約という関係が主として使われている．UMLでのこれらの表記法については，6.2節の図6.3にまとめてある．

問5 リレーショナルデータベースでは，テーブル中に格納して操作できるデータは，数値や文字列などの構造をもたないデータに限定される．したがって，オブジェクトをそのままの形式で格納することはできない．また，オブジェクト間の関係も直接格納することはできない．一方，オブジェクトデータベースでは，オブジェクトやオブジェクト間の関係を直接格納して操作することができる．しかし，SQLのような確立された論理的なデータ操作言語がまだないため，広く利用されるには至っていない．

第7章　Web上で活躍するこれからのAI

問1　W3Cについてはhttp://www.w3.org/に詳細な情報がある．HTMLやXMLに関連したWeb技術の多くをこの団体が扱っていることがわかるだろう．

問2　例えば図5のようになる．必要に応じて詳細な知識を追加できる．

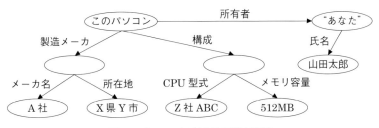

図5　パソコンに関する知識表現例

問3　第6章で学んだUMLの表記法を使って汎化の関係は容易に記述できる．それ以外の関係は，クラスの関連で表現できる．クラス間の関係の多重度も記述できる．

問4　クラスとインスタンス（オブジェクト）の関係を思い出そう．一般的な自動車の知識はクラスに関するものであり，あなたの家の自動車はそのインスタンスである．

問5　例えば，セマンティックWebにより収集した情報を活用するためには，どのような種類の知識が必要となるか考えてみよ．その知識を表現するための方法や推論の方法についても考えてみよ．

問6　次のような観点から検討してみよう．

① Webサービスを知的に連携させるためには，どのような知識が必要になるか考えてみよう．またそのような知識が，第3章や第4章で学んだ手法を使ってどのように表現できるか考えてみよう．

② さまざまなデータから，第5章で学んだデータマイニングを利用して，獲得した知識を活用する方法を考えてみよう．会社の立場で知識を利用する場合と，顧客の立場での知識利用の両方が考えられる．

③ 多数の技術を組み込んだシステムをUMLを使って表現する方法について考えてみよう．

第8章 社会で活躍するAIに向けて

問1 年齢，職業，年収，趣味などのデータから，購買傾向や嗜好，よく行きそうな店などが判明する可能性がある．SNSなどに公開している情報があれば，もっと多くのことがわかるかもしれない．情報漏洩を防ぐ技術としては，情報の一部を意図的に曖昧にする匿名化が知られている．例えば，年齢を20歳から30歳などのようにするなどである．匿名化しても情報漏洩が起きる場合があるので，さらに高度な匿名化も開発されている．

問2 旅客機には複数パイロットが配置されるように，自動操縦システム（人工知能）を複数導入して，多数決論理などを採用する方法が考えられる．ミスが発生した場合にも深刻な事態にならないように，フェールセーフなシステムにしておく必要がある．システム全体を機能安全という発想で設計して，危険性を許容範囲内に抑える方法も考えられる．事故発生時の責任については，結論が得られておらず，これからの議論が必要である．設計者，製造者，自動車の同乗者，などもにも責任が及ぶ可能性もあるかもしれない．

参考文献

本書で参考にした本，さらに詳しく学習したい人のための参考書を章ごとにリストアップする．

■ 全般的なものおよび第 1 章

1) Michael R. Genesereth and Nils J. Nilsson: *Logical Foundations of Artificial Intelligence*, Morgan Kaufmann（1987）. 古川康一 監訳：人工知能基礎論，オーム社（1993）.
2) Nils J. Nilsson: *Artificial Intelligence: A New Synthesis*, Morgan Kaufmann（1998）.
3) Stuart Russell and Peter Norvig: *Artificial Intelligence-A Modern Approach*, Prentice-Hall（1995）. 古川康一 監訳：エージェントアプローチ 人工知能，共立出版（1997）.
4) 菅原研次：人工知能(第 2 版)，森北出版（2003）.
5) 太原育夫：新人工知能の基礎知識，近代科学社（2008）.
6) 西田豊明：人工知能の基礎，丸善（1999）.
7) 新田克己：人工知能概論，培風館（2001）.
8) 人工知能学会編：人工知能学事典，共立出版（2005）.
9) スティーヴン・ベイカー 著，土屋政雄 訳：IBM 奇跡の"ワトソン"プロジェクト：人工知能はクイズ王の夢をみる，早川書房（2011）.
10) 松原 仁 ほか：特集「あから 2010 勝利への道」，情報処理学会誌，Vol.52, No.2, 情報処理学会（2011）.
11) 松原 仁 ほか：特集「思考ゲーム」，人工知能学会誌 Vol.24, No.3, 人工知能学会（2009）.
12) David L. Pool and Alan K. Mackworth: *Artificial Intelligence: Foundations of Computational Agents*, Cambridge University Press（2010）.

■第 2 章

1） Michael R. Genesereth and Nils J. Nilsson: *Logical Foundations of Artificial Intelligence*, Morgan Kaufmann（1987）．古川康一 監訳：人工知能基礎論，オーム社（1993）．
2） Nils J. Nilsson: *Principles of Artificial Intelligence*, Morgan Kaufmann（1980）．
3） 西田豊明：人工知能の基礎，丸善（1999）．

■第 3 章

1） Chin-Liang Chang and Richard C.T. Lee: *Symbolic Logic and Mechanical Theorem Proving*, Academic Press（1973）．長尾 真，辻井潤一 訳：コンピュータによる定理の証明，日本コンピュータ協会（1983）．
2） 有川節夫，原口 誠：述語論理と論理プログラミング，オーム社（1988）．
3） 太原育夫：新人工知能の基礎知識，近代科学社（2008）．
4） 長尾 真，淵 一博：岩波講座 情報科学 7，論理と意味，岩波書店（1983）．
5） 井上克巳，田村直之ほか：特集「最近のSAT技術の発展」，人工知能学会誌，Vol.25，No.1，人工知能学会（2010）．

■第 4 章

1） John W. Lloyd: *Foundations of Logic Programming*, Springer-Verlag（1984）．佐藤雅彦，森下真一 訳：論理プログラミングの基礎，産業図書（1987）．
2） Stuart Russell and Peter Norvig: *Artificial Intelligence−A Modern Approach*, Prentice-Hall（1995）．古川康一 監訳：エージェントアプローチ 人工知能，共立出版（1997）．
3） 西田豊明：人工知能の基礎，丸善（1999）．

第5章

1) Soumen Chakrabarti: *Mining the Web Discovering Knowledge from Hypertext Data*, Morgan Kaufmann (2003).
2) Usama M. Fayyad, et al., eds.: *Advances in Knowledge Discovery and Data Mining*, MIT Press (1996).
3) Jiawei Han and Micheline Kamber: *Data Mining: Concepts and Techniques*, Morgan Kaufmann (2001).
4) David Hand, Heikki Mannila, and Padhraic Smyth: *Principles of Data Mining*, MIT Press (2001).
5) Ian H. Witten and Eibe Frank: *Data Mining Practical Machine Learning Tools and Techniques with Java Implementations*, Morgan Kaufmann (1999).
6) 大澤幸生 編著：IT Text 知識マネジメント，オーム社（2003）．
7) 元田浩，津本周作，山口高平，沼尾正行：IT Text データマイニングの基礎，オーム社（2006）．
8) 岡谷貴之，深層学習，講談社（2015）．

第6章

1) Michael R. Genesereth and Nils J. Nilsson: *Logical Foundations of Artificial Intelligence*, Morgan Kaufmann (1987). 古川康一 監訳：人工知能基礎論，オーム社（1993）．
2) Craig Larman: *Applying UML and Patterns: An Introduction to Object-Oriented Analysis and Design*, Prentice-Hall (1998). 今野睦，依田智夫 監訳：実践 UML：パターンによるオブジェクト指向開発ガイド，プレンティスホール（1998）．
3) Joseph Schmuller: *Teach Yourself UML*, Sams Publishing (2002). 長瀬嘉秀 監訳：独習 UML 改訂版，翔泳社（2002）．
4) 松下 温 監修：IT Text 基礎 Web 技術，オーム社（2003）．
5) http://www.omg.org/
6) http://www.w3c.org/

第7章

1) Michael C. Daconta, Leo J. Obrdst, and Kevin T. Smith: *The Semantic Web*, Wiley (2003).
2) John Davis, Dieter Fensel, and Frank Van Harmelen, eds.: *Towards the Semantic Web*, John Wiley & Sons (2003).
3) Dieter Fensel, James Hendler, Henry Lieberman, and Wolfgang Wahlster: *Spinning the Semantic Web*, MIT Press (2003).
4) `http://www.omg.org/`
5) `http://www.w3c.org/`
6) `http://www.ruleml.org/`
7) `http://www.hpl.hp.com/semweb/`
8) 萩野達也ほか：特集「セマンティック Web」，情報処理，Vol.43, No.7, 情報処理学会 (2002).
9) 神崎正英：セマンティック・ウェブのための RDF/OWL 入門，森北出版 (2005).
10) D. Allemang and James Hendler: *Semantic Web for the Working Ontologist, Second Edition: Effective Modeling in RDFS and OWL*, Morgan Kaufmann (2011).
11) Grigoris Antoniou, Paul Groth, Frank van van Harmelen, Rinke Hoekstra: *A Semantic Web Primer Third Edition*, The MIT Press (2012).

索　引

ア　行

曖昧さ　87
後戻り　83
アプリオリアルゴリズム　148
暗記学習　107

イデア論　1
意味ネットワーク　85

後ろ向き推論　78

エキスパートシステム　3, 10
演　繹　53
演繹可能　53
演繹定理　53
エントロピー　132

オッカムの剃刀　131
オートエンコーダ　123
オーバフィッティング　122
オブジェクト指向　164
オペレータ　22
重　み　116
オントロジー　152, 194
オンライン機械学習　209

カ　行

回帰直線　111

解　釈　44, 60
解代入　82
確信度　87, 147
確率事象系　131
隠れ層　118
仮説からの演繹　53
過適合　122
カーネル関数　128
関数記号　58
完全性定理　56

機械学習　16
記号主義　2, 7
記号論理学　41
記述モデル　108
帰納的定義　43
キーバリューストア型のデータベース　209
基本命題　42
キュー　29
競合解消　78
教師あり学習　109
教師つき学習　109
教師データ　109, 116
教師なし学習　109
局所解　121
距　離　140

空　節　66
クラウド機械学習　207

229

クラウドコンピューティング　206, 207
クラス　129
クラス属性　129
クラスタ　139
クラスタリング　139
クリスプ集合　92
グレード　93

経験主義　2
計算主義　2, 7
形式的手法　211
形式的証明　52
決定木　128
健　全　49
限量記号　58

項　58
恒偽式　45
恒真式　45, 89
合成型　12
構造化データ　114
行動プラン作成　20
勾配消失　122
公　理　51
公理系　51
コスト　31
古典論理　89
コネクショニズム　2, 7, 115
コルモゴロフの公理　98

サ　行

最小確信度　148
最小支持度　148
最適解　121
最良優先探索　36
サポートベクターマシン　126

作用範囲　59
サール　8
三段論法　49

時系列データ　114
事後確率　96
自己符号化器　123
支持度　147
事前学習　123
事前確率　96
シナプス　8
集合の外延　92
充足可能　45
充足不能　45
自由変数　59
集　約　165
主観確率　98
述語記号　58
述語論理　56
出力層　118
順序尺度　113
条件付き確率　131
状態空間　22
情報量　131
証　明　52
シンギュラリティ　4
深層学習　3, 8, 16, 117
診断型　12
信　念　96
真理値表　44
真理表　44

推論エンジン　11, 76
推論規則　48
スタック　29
ストリーム学習　209

整形式　175

制限付きボルツマンマシン　　125
制　約　　100
制約充足問題　　100
正リテラル　　71
節　　47
設計型　　12
節形式　　47
説明変数　　109
狭い人工知能　　9
セマンティック Web　　3
線形回帰　　109
線形回帰式　　109
線形分離可能　　116
全称記号　　58

相関ルール　　145
相関ルールマイニング　　145
相補リテラル　　67
属　性　　128
属性値　　128
束縛変数　　59
素論理式　　42
存在記号　　58

タ　行

対象領域　　58
畳み込みニューラルネットワーク　　126
多値論理　　91
縦型探索　　24, 25
妥　当　　45, 175
単一化代入　　67
短期記憶　　76
探索問題　　20

知識獲得ボトルネック　　13
知識ベース　　11

知識モデリング　　160
知識モデル　　160
中間層　　118
中国語の部屋の問題　　8
チューリングテスト　　4
超平面　　117

強い人工知能　　8, 9

定数記号　　58
ディープラーニング　　3, 8, 117
定　理　　51
テキストデータ　　114
テキストマイニング　　114
データベースからの知識発見　　141
データベーススキーマ　　114
データマイニング　　14, 17, 141

同一律　　89
導出原理　　65
同　値　　46
トートロジー　　89
トランザクション　　145

ナ　行

内包的定義　　92
ナレッジマネジメント　　143

入力層　　118
ニューラルネットワーク　　2, 8, 117
ニューロン　　8
人間機械論　　1

ハ　行

排他的論理和　　117
排中律　　89

ハイパーテキスト　　*181*
パーセプトロン　　*2, 115*
バックトラック　　*83*
バッチ学習　　*209*
幅優先探索　　*25*
汎　化　　*165*
半構造化データ　　*114*
反駁　　*65*
反復深化探索　　*30*
汎用人工知能　　*9*

非構造化データ　　*114*
非古典論理　　*88*
被説明変数　　*109*
ビッグデータ　　*157, 208*
ビット　　*131*
否定式　　*49*
ヒューリスティック　　*35*
ヒューリスティック探索　　*35*
標準形　　*46*
品質特性　　*210*
頻出アイテム集合　　*148, 149*
頻度確率　　*98*

ファクト　　*79*
ファジー集合　　*92*
ファジー論理　　*91*
フィードフォワードニューラルネットワーク　　*118*
深さ優先探索　　*24*
複合命題　　*42*
副特性　　*210*
負リテラル　　*71*
ブール　　*41*
ブール代数　　*2*
フレーゲ　　*41*
フレーム　　*86*
フレーム表現　　*85*

プロセス　　*154*
プロダクションシステム　　*75*
プロパティ　　*189*
プロパティの値　　*189*
分岐限定探索　　*33*
分析型　　*12*

ベイズ理論　　*94*
並列処理　　*206*
閉論理式　　*59*
変　数　　*58*

ボルツマンマシン　　*125*
ホーン節　　*71, 79*

マ 行

前向き推論　　*77*
前向きチェック　　*103*

無矛盾性　　*56*

名義尺度　　*113*
命　題　　*42*
命題論理　　*41*
メタデータ　　*185*

目的変数　　*109*
モーダス・ポーネンス　　*49*
モデル　　*62*
モデル選択　　*113*
模倣ゲーム　　*4*
モンテカルロ木探索　　*38*

ヤ 行

山登り法　　*35*

融合演繹　　　66
融合原理　　　65

横型探索　　　25, 28
予測モデル　　108
弱い人工知能　　8, 9

ラ 行

リカレントニューラルネットワーク
　126
リソース　　　189
リテラル　　　47, 63
リレーショナルデータベース　　91
倫理規則　　　212
倫理綱領案　　213

連言　　　　　47
連言標準形　　47

ロボット3原則　　212
論理記号　　　42, 58
論理式　　　　42, 43
論理的帰結　　49

ワ 行

ワーキングメモリ　　76

英数字

A^*アルゴリズム　　37
AGI　　9

BM　　125

CNN　　126
CSP　　100

DTD　　174

F　　44
FNN　　123

GPU　　206

Hadoop　　206
HAS-A 関係　　86
HTML　　181

IaaS　　206
IoT　　208
IS-A 関係　　86

KDD　　141
k-平均法　　140
k-means 法　　140

Mahout　　206
MapReduce　　206
MYSIN　　87

NULL　　91

OCL　　167
OWL2　　196

PaaS　　206
Prolog　　79
Python　　206

R　　206
RBM　　125
RDF　　189
RDF スキーマ　　192
RNN　　126

233

索　引

SaaS　　　*206*
SA ソルバー　　　*72*
SAT 問題　　　*72*
SQL　　　*91*
SVM　　　*126*

T　　　*44*

UML　　　*161*

URI　　　*188*
URL　　　*188*

XML　　　*172*
XML データベース　　　*175*
XML 文書　　　*173*

2 値論理　　　*88*
3 値論理　　　*88*

〈監修者略歴〉

本位田真一（ほんいでん　しんいち）
1978年　早稲田大学大学院理工学研究科修士課程修了
1986年　工学博士
現　在　早稲田大学教授
　　　　国立情報学研究所GRACEセンター長・特任教授

〈著者略歴〉

松本　一教（まつもと　かずのり）
1986年　九州大学大学院総合理工学研究科修士課程修了
1986年　株式会社 東芝に入社．システム・ソフトウェア技術研究所，SI技術開発センターなどに所属．2002年に退社
現　在　神奈川工科大学情報学部情報工学科教授，博士（理学）

宮原　哲浩（みやはら　てつひろ）
1986年　九州大学大学院総合理工学研究科修士課程修了
現　在　広島市立大学情報科学研究科知能工学専攻准教授，博士（理学）

永井　保夫（ながい　やすお）
1985年　早稲田大学大学院理工学研究科修士課程修了
1985年　株式会社 東芝に入社．システム・ソフトウェア技術研究所，研究開発センターなどに所属
1985〜89年　新世代コンピュータ技術開発機構（ICOT）に出向
現　在　東京情報大学総合情報学部総合情報学科教授，博士（情報科学）

市瀬龍太郎（いちせ　りゅうたろう）
2000年　東京工業大学大学院情報理工学研究科博士課程修了
現　在　東京工業大学工学院経営工学系教授，博士（工学）

- 本書の内容に関する質問は，オーム社ホームページの「サポート」から，「お問合せ」の「書籍に関するお問合せ」をご参照いただくか，または書状にてオーム社編集局宛にお願いします．お受けできる質問は本書で紹介した内容に限らせていただきます．なお，電話での質問にはお答えできませんので，あらかじめご了承ください．
- 万一，落丁・乱丁の場合は，送料当社負担でお取替えいたします．当社販売課宛にお送りください．
- 本書の一部の複写複製を希望される場合は，本書扉裏を参照してください．

IT Text

人 工 知 能（改訂2版）

2005年 7月20日　　第 1 版第1刷発行
2016年10月20日　　改訂2版第1刷発行
2024年 9月10日　　改訂2版第8刷発行

監　　修　本位田真一
著　　者　松本一教・宮原哲浩
　　　　　永井保夫・市瀬龍太郎
発 行 者　村 上 和 夫
発 行 所　株式会社 オ ー ム 社
　　　　　郵便番号　101-8460
　　　　　東京都千代田区神田錦町3-1
　　　　　電　話　03(3233)0641（代表）
　　　　　URL　https://www.ohmsha.co.jp/

© 松本一教・宮原哲浩・永井保夫・市瀬龍太郎 2016

印刷　美研プリンティング　　製本　協栄製本
ISBN978-4-274-21949-8　Printed in Japan

IT Text シリーズ

情報処理学会 編集

IT Text 一般教育シリーズ
高等学校における情報教育履修後の一般教育課程の「情報」教科書

一般情報教育
情報処理学会一般情報教育委員会　編／稲垣知宏・上繁義史・北上　始・佐々木整・髙橋尚子・中鉢直宏・徳野淳子・中西通雄・堀江郁美・水野一徳・山際　基・山下和之・湯瀬裕昭・和田　勉・渡邉真也　共著
■ A5判・266頁・本体2200円【税別】

■ 主要目次
- 第1部　情報リテラシー
  情報とコミュニケーション／情報倫理／社会と情報システム／情報ネットワーク
- 第2部　コンピュータとネットワーク
  情報セキュリティ／情報のデジタル化／コンピューティングの要素と構成／アルゴリズムとプログラミング
- 第3部　データサイエンスの基礎
  データベースとデータモデリング／モデル化とシミュレーション／データ科学と人工知能(AI)

コンピュータグラフィックスの基礎
宮崎大輔・床井浩平・結城　修・吉田典正　共著　■ A5判・292頁・本体3200円【税別】

■ 主要目次
コンピュータグラフィックスの概要／座標変換／3次元図形処理／3次元形状表現／自由曲線・自由曲面／質感付加／反射モデル／照明計算／レイトレーシング／アニメーション／付録

コンピュータアーキテクチャ (改訂2版)
小柳　滋・内田啓一郎　共著　■ A5判・256頁・本体2900円【税別】

■ 主要目次
概要／命令セットアーキテクチャ／メモリアーキテクチャ／入出力アーキテクチャ／プロセッサアーキテクチャ／パイプラインアーキテクチャ／命令レベル並列アーキテクチャ／並列処理アーキテクチャ

データベースの基礎
吉川正俊　著　■ A5判・288頁・本体2900円【税別】

■ 主要目次
データベースの概念／関係データベース／関係代数／SQL／概念スキーマ設計／意思決定支援のためのデータベース／データの格納と問合せ処理／トランザクション／演習問題略解

オペレーティングシステム (改訂2版)
野口健一郎・光来健一・品川高廣　共著　■ A5判・256頁・本体2800円【税別】

■ 主要目次
オペレーティングシステムの役割／オペレーティングシステムのユーザインタフェース／オペレーティングシステムのプログラミングインタフェース／オペレーティングシステムの構成／入出力の制御／ファイルの管理／プロセスとその管理／多重プロセス／メモリの管理／仮想メモリ／仮想化／ネットワークの制御／セキュリティと信頼性／システムの運用管理／オペレーティングシステムと性能／オペレーティングシステムと標準化

ネットワークセキュリティ
菊池浩明・上原哲太郎　共著　■ A5判・206頁・本体2800円【税別】

■ 主要目次
情報システムとサイバーセキュリティ／ファイアウォール／マルウェア／共通鍵暗号／公開鍵暗号／認証技術／PKIとSSL/TLS／電子メールセキュリティ／Webセキュリティ／コンテンツ保護とFintech／プライバシー保護技術

もっと詳しい情報をお届けできます。
●書店に商品がない場合は直接ご注文の場合も右記宛にご連絡ください。

　https://www.ohmsha.co.jp/
TEL/FAX　TEL.03-3233-0643　FAX.03-3233-3440

(本体価格は変更される場合があります)

F-2011-285-1